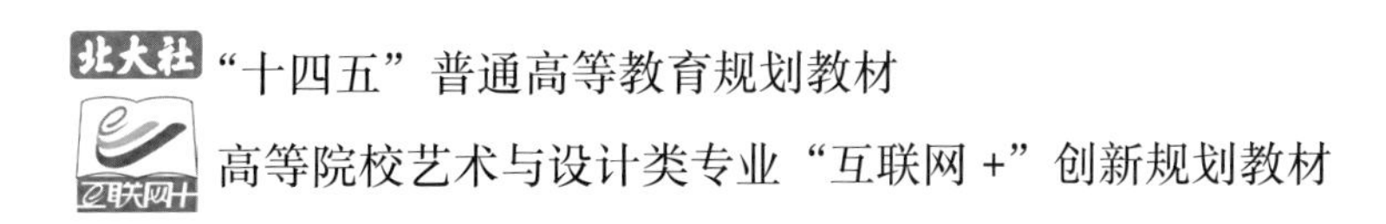

办公空间设计

李振煜　编著

北京大学出版社
PEKING UNIVERSITY PRESS

内 容 简 介

本书通过大量的实践设计案例，分别从理念和实践两个侧面讲解：如何通过设计提升企业形象，彰显企业文化；如何实现办公空间功能的合理性与灵活性、空间的开放性与私密性、交流的互动性与独立性，让办公空间更加高效与人性化。全书内容包括办公空间设计发展概述、办公空间的设计要素、办公空间的功能及其设置、办公空间设计的类型、办公空间设计实例。

本书可作为高等院校环境设计、室内设计、建筑设计等专业的教材，也可作为广大设计爱好者、自学者的参考用书。

图书在版编目 (CIP) 数据

办公空间设计 / 李振煜编著 . 一北京：北京大学出版社，2023.8

高等院校艺术与设计类专业“互联网 +”创新规划教材

ISBN 978-7-301-34300-5

Ⅰ . ①办…　Ⅱ . ①李…　Ⅲ . ①办公室—室内装饰设计—高等学校—教材　Ⅳ . ① TU243

中国国家版本馆 CIP 数据核字（2023）第 147830 号

书　　名　办公空间设计
　　　　　　BANGONG KONGJIAN SHEJI
著作责任者　李振煜　编著
策划编辑　孙　明
责任编辑　蔡华兵
数字编辑　金常伟
标准书号　ISBN 978-7-301-34300-5
出版发行　北京大学出版社
地　　址　北京市海淀区成府路 205 号　100871
网　　址　http://www.pup.cn　新浪微博：@ 北京大学出版社
电子邮箱　编辑部 pup6@pup.cn　总编室 zpup@pup.cn
电　　话　邮购部 010-62752015　发行部 010-62750672　编辑部 010-62750667
印 刷 者　北京宏伟双华印刷有限公司
经 销 者　新华书店
　　　　　　889 毫米 ×1194 毫米　16 开本　9 印张　230 千字
　　　　　　2023 年 8 月第 1 版　2023 年 8 月第 1 次印刷
定　　价　59.00 元

前　言

办公空间设计是一个建立在办公建筑空间结构的基础上且建筑结构不改变的情况下，进行的室内空间设计的过程。所以，它要以办公空间所依附的企业理念为宗旨，以企业员工的结构和数量为基础，根据办公功能的需要，结合时代的发展，充分利用新材料和新工艺来进行设计。

为什么要设计？——发现问题；如何设计？——寻找方法；设计的价值在哪里？——体现设计的价值。

本书注重理论知识与工程项目实践案例相结合，既具有一定的理论深度，又具有职业特点。本书案例选取遵循学生的学习认知规律，从小到大、从简到繁、从古到今、从东方到西方、从传统到现代，通过鉴赏过去办公空间设计典范，分析现当代具有代表性的优秀办公空间设计作品，引导学生学习和领悟历来办公空间设计的风格和装饰的魅力。本书内容编排遵循设计的流程，体现了项目承接、项目分析、设计定位、设计构思、方案表现、施工图表现等完整的过程，以帮助学生在学习的过程中能够举一反三、触类旁通。党的二十大报告指出，必须坚持守正创新，必须坚持问题导向，必须坚持系统观念。这些指导思想在办公空间设计的学习过程中，同样具有世界观和方法论的引领作用。

从传统的办公空间到现代的办公空间，从质朴的办公空间到色彩纷呈的办公空间，我们会惊叹于那些造型奇特的地标性建筑空间，也会对中国古代衙门式的办公空间、拉金大楼女性化的办公空间等功能和形式的变化深感震惊。在我们的视野中，各种办公空间从功能到形式，已经完全超越了办公空间设计的理念。因此，要进行办公空间设计，除了了解和掌握办公空间发展的历史与造型的历史，办公空间功能与形式的关系，人体工程学与办公空间的关系，办公空间的绿化、陈设装饰等，室内设计制图与施工等基础知识，还要多调研、多思考，形成自己的办公空间设计思维，逐步提高分析问题、解决问题的能力，从而提高设计的能力、熟练运用新材料和新工艺的能力。

在学习办公空间设计的过程中，除了重点学习办公空间设计的基础知识，还要用心学习建筑制图的标准、办公空间设计规范、建筑装饰材料和建筑结构标准等。只有这样，才能深入学习办公空间设计，寻找属于自己的设计天地。

本书在介绍办公空间设计基础知识的同时，还提供了实战训练空间，并增加了办公空间设计实例，以加强设计思维的拓展。古人云："学不思则罔，思而不学则殆。"我们在学习时，需要琢磨各个章节的内容，做好训练规划。与此同时，我们需要实地考察办公空间设计范例，去用心体会，做到学习、训练、实践相结合。

在本书编写期间，嘉应学院图书馆罗诗雅老师提供了很多帮助，嘉应学院美术学院、广东九沐建筑装饰工程有限公司设计总监刘健华教授提供了部分素材，在此对他们的帮助一并表示感谢！

由于办公空间设计内容繁杂、涉及领域广泛，编者水平有限，编写时间仓促，书中难免存在疏漏之处，还请广大读者不吝指正。

李振煜

2023 年 1 月 20 日

于嘉应学院书香门第

目　录

CONTENTS

目　录

CONTENTS

第1章 办公空间设计发展概述

【训练内容和注意事项】

训练内容：了解古代办公空间的起源、古代办公空间的状况，以及现代办公空间的发展；熟悉办公空间设计的变化、办公空间的效率优先原则、多元价值与人际关系对办公空间设计的影响、现代技术美学对办公空间设计的影响，以及性别区别、等级差别对办公空间设计的影响。

注意事项：观察古代办公空间的室内装修、装饰风格和家具等形成的空间氛围；加强对办公空间中效率优先、性别差异、等级差异等的认知能力。

【训练要求和目标】

训练要求：熟悉古代办公空间的室内空间形式和装饰艺术的特点，注意效率优先、性别差异、等级差异等对办公空间设计中功能空间的规划与设计的影响。

训练目标：熟悉古代办公空间室内设计装饰的艺术形式；掌握以效率、性别、等级为设计导向形成的办公空间设计形态。

本章引言

在现实生活中，我们见过很多办公空间形式，也了解了时尚、新潮、现代的办公空间风格。但是，我们能否想象得到古代办公空间是什么样子。古代建筑遗存没有保留完整的办公空间，我们偶尔在影视剧中看到的古代办公空间也是出于合理的推测，而且大家并不留意其具体形式。本章将介绍古代一些具有代表性的办公空间的装饰艺术特点和空间形式。

现代办公空间的形成与商业有关，与效率优先、性别差异、等级差异等有关，还与新技术的产生有关。因此，我们对办公空间设计的认知需要从了解办公空间的历史、建筑、室内空间形式和设计的状况开始。

现在的办公大楼，多因高大的体量和引人注目的外观而成为城市地标，如在北京、上海、广州等城市的中央商务区，各种各样的办公大楼让人目不暇接，它们主宰着城市的天际线。这些办公大楼的形象，代表的是其中公司的经济实力、企业信心。办公大楼是后工业时代知识经济的象征，担负着回收、处理、储存、生成信息和知识的功能，已经成为城市社会、经济、文化发展水平的一种标志。

1.1　古代办公形态发展演变

由于社会的分工和技术的进步，人类社会分化出从事办公室工作和公共管理的人员，于是，逐渐形成给这些人员提供办公的地方。久而久之，“办公建筑”这一空间概念就出现了。从传统的行政办公建筑到企业自用的办公建筑，再到租赁、商务和创意研发型办公建筑等，各种新型的办公建筑逐渐出现。

古代绝大多数办公室只是公共建筑的附属部分，除了配置不同的家具和设施，并无独立的建筑和装饰。由于历史久远、资料欠缺，我们只能通过代表性的教堂、庙宇、皇宫、官邸的建筑空间和家具并结合其所属的历史和文化进行研究。

根据考证，最早的办公雏形可能存在于母系氏族社会。当时决定重大事项都召开“议事会”，由全体成年妇女和男子参加并进行表决。当时的人们办公就在洞穴、草棚、土房等空间形态里进行，这就是原始的办公空间形态。在天气允许的条件下，他们可能也在野外议事（也就是古代的办公活动）。古人席地而坐，或站或蹲，参与议事，没有用来办公的专门空间，那时居住和办公共用空间。

1.1.1　古埃及办公装饰状况

根据文献，从古埃及图坦卡蒙法老墓出土的黄金浮雕（图 1.1）来看，它描绘了当时宫殿办公的场景。结合现存同期的卢克索神庙遗址及其丰富的墓穴壁画来看，可以认为：当时办公空间的墙壁和立柱雕刻着丰富的图案，地面铺着纹样绚丽的地毯或刻满图案的砖石，并放置精美的椅子和低矮的台儿。图中法老坐在椅子上，听取大臣们禀报公事，然后发号施令，这算是非常正式的办公了。当然，他们审阅和撰写文件等事务也在同样风格的办公室里，只是规模上相对小一些。

1.1.2　古希腊办公装饰状况

同时期的古希腊，属于奴隶制农耕和渔猎的海洋文化，信奉现世，即使是国王，也没留下豪华的墓穴。从遗存的砖木结构建筑并结合古希腊迈锡尼宫殿复原图（图 1.2）来看，那个时代建筑的内壁和立柱都以红、黄、蓝为主色调进行装饰并布满了图案，与古埃及的建筑装饰相比，显得更加粗犷和充满活力。

直到古希腊出现了奴隶制的民主政治，精英们的才智和能力才得以释放和发挥。随着文化、科技、商业的发展，他们在建筑技术方面采用石梁“金”字顶结构，这样立柱间距增大，室内空间更加宽敞。对比雅典市场“skass”圆形餐厅和会议室复原图（图 1.3）可见，当时的

图1.1 古埃及图坦卡蒙法老墓出土的黄金浮雕

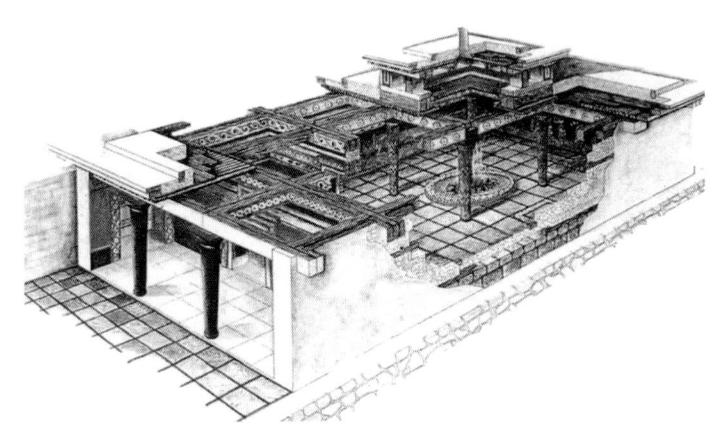

图1.2 古希腊迈锡尼宫殿复原图

商用会议室采用砖木结构，形成风格朴实的空间，靠墙摆放着长凳，上面坐着不拘仪态的参会人员，整个场景体现了当时民用中档办公空间的形态。古希腊办公场景最具代表性的莫过于雅典卫城的帕特农神庙（图1.4），结合遗存的浮雕上刻画的图案，可以判断当时的办公空间已经初步具备了古典欧洲时期的风格。

图1.3 古希腊雅典市场“skass”圆形餐厅和会议室复原图

图1.4 古希腊雅典卫城的帕特农神庙

在当时的雅典，国家不设国王，最高权力机构是全体公民大会，大会由公民抽签产生，共同对国家事务进行商议，所以当时的“办公方式”相对比较民主，参与办公人员也比较轻松和自由。

1.1.3 古罗马办公装饰状况

古罗马继承了古希腊的文化，它通过侵略积累了大量财富，促进了建筑技术的发展，如大跨度拱顶技术的运用，使得室内空间更加高大；同时，为了显示力量和财富，将室内装饰得富丽堂皇。而且，随着基督教的传播，人们开始信奉上帝，教堂建筑营造通向天国的神秘氛围，拱形的空间越建越高大，装饰也更加华丽和神秘，光可以从穹顶照射下来（图1.5）。同时，家具制造技术进一步发展，雕塑技术更加程式化，而这些技术的发展反过来又促进了宫廷、商用和民用建筑与装饰的发展（图1.6）。

直到12世纪出现了哥特式建筑，把建筑原来的圆拱顶变成了尖叶形，这种建筑外形和内空间显得更高，更有“通向天国”的感觉，但配套的家具变化不大。此后，这种风格蔓延至欧

图 1.5　古罗马万神庙内景

图 1.6　古罗马正在办公的圣奥古斯丁

洲其他国家，自此欧洲传统的办公空间形态基本形成。往后数百年，这种风格发生了从简单到复杂、从简朴到华丽、从粗放到精细的变化，出现了诸如十七八世纪意大利“繁复夸饰、富丽堂皇、气势宏大、富于动感”的巴洛克风格，还有 18 世纪法国“纤弱娇媚、华丽精巧、甜腻温柔、纷繁琐细”的洛可可风格等。

1.1.4　古代中东地区办公装饰状况

古代中东地区是世界文明发源地之一，至大流士一世（图 1.7）的波斯帝国，版图横跨亚、非、欧三大洲，其建筑风格、家具式样、办公空间形态与欧洲（图 1.8）相近。但到了 7 世纪，伊斯兰教成为中东地区的主流宗教，由于信徒做礼拜匍匐在地上，所以建筑空间不需要像欧洲建筑空间那样高大，更需要的是一张质地柔软、纹样精美的地毯。于是，波斯地毯应运而生。无论是地毯纹样还是室内装饰图案，它们都以抽象的连续纹样为主，虽然密集且尽量不突出某一部分，但一切都为了构成一个整体形象。古代中东地区不同身份的人都有盘腿而地的习惯，有时会见客人，为了表示尊重，也有跪坐的礼仪（图 1.9），但这些都是正式会见的礼仪，如果长时间写字就不太方便，所以办公还是需要有放置台凳的空间。

图 1.7　伊朗波斯波利斯遗址大流士一世浮雕石像

图 1.8 西班牙格拉纳特·阿尔罕布拉宫

图 1.9 伊朗伊斯法罕四十柱宫壁画

1.1.5 古印度办公装饰状况

古印度曾先后被不同外族统治，宗教比较繁荣，所以其建筑和室内装饰融合了不同民族的元素。从现存的庙宇和公共建筑遗址来看，古印度的办公建筑装饰是以一种欧式的写实手法，结合伊斯兰和欧式图案背景，表现佛教和印度教题材的装饰风格特点的形式存在的（图 1.10）。在古印度，家具在民间用得不多，民众聊天、议事都习惯盘腿坐在低矮的坐垫上。即使是皇帝的宝座，也是一种低矮的椅子，但雕刻精美，镶嵌宝石，古称“孔雀宝座”（图 1.11）。据史料记载，印度从 10 世纪起，开始生产欧式造型、雕刻印度纹样的家具并出口到欧洲。由此可见，古印度的高端办公空间也应有类似欧式的桌椅，以满足抄写文件的需要。古印度的文化，包括装饰风格，通过佛教传播到东南亚并对各国影响较大。

图 1.10 印度琥珀城堡内部

图 1.11 印度阿克巴大帝及其“孔雀宝座”

1.1.6 古代中国办公装饰状况

古代中国以儒家思想为主，形成了明显的现实主义倾向和严格的等级制度的独特的文明体系。

在先秦时期，人们召开的部落会议就是古代的办公形式。至秦代，各种“办公空间”已有相当的规模。根据复原的秦皇宫殿，可以看到其内部有高大的浮雕立柱，主墙壁上也有巨大的图案浮雕，色调以红、黑、金为主，皇帝在高台上席地而坐，用几案办公。但是，这种复原的真实性还有待考证。至汉代，人口剧增，办公的空间和数量相当可观，办公空间形态与秦代相近。到了唐代，中国进入封建社会的鼎盛时期，皇帝在大明宫办公。大明宫到现在也只剩下遗址，但从复原图来看，大明宫的建筑和内部装饰风格比秦汉时期少了一些粗犷，多了一些华丽和精细。在唐代早期，无论达官显贵还是普通民众，都有席地而坐的习惯，用于写字和存放物品的案几制作得相当优美，后来椅子和桌子才开始普及。明清时期更是创造了风格独特、举世闻名的中式家具。实际上，由于改朝换代，明代以前的“办公建筑”已经荡然无存，加上土木建筑容易腐坏、不能防火等原因，我们只能从遗址上寻找蛛丝马迹。

古代的衙门，中轴对称，气派森严，虽然都有六扇大门，但并非每扇门都可以使用。所有的衙门大门都是统一样式的，无论京城还是边远小镇，房子都必须是三开间，每间大门都装两扇黑漆门扇，总共 6 块门扇，因此古代衙门又称“六扇门”。而且，大门的装潢非常讲究，通常在大门前建有照壁，两侧建有八字墙，门口立着两只威风凛凛的石狮。走进大门，穿过甬道，绕过照壁，就到了第二道大门，它叫仪门。仪门内就是衙门用来处理政务的大堂。这扇大门之所以叫仪门，是因为这里是一处严肃的执法场所，进入这里必须仪表得体。整个衙门用于出入的大门只有一个，位于中轴位置正南方位。这个大门并非我们想象中的一扇门板，它是有屋顶的。这种样式的大门，因为礼制原因，平常百姓不能建造。

现存的古代办公建筑最具代表性的实物就是在北京故宫博物院，其中典型的办公空间是乾清宫正大光明殿（图 1.12），它在空间布置上体现了与欧洲文化的不同。欧洲是“民主”和“议会”的诞生地，经常要通过开会来决定一些重大事情，其办公空间就少不了“会议室”。古代中国是封建专制，皇帝一人说了算，所以决策的地方就只有皇帝可以坐，其他人不是站就是跪，偌大的金銮殿中只有一张椅子，即龙椅（图 1.13）。就算是县衙，升堂办案时也只有县官的座椅（图 1.14）。

【乾清宫正大光明殿】

图 1.12　北京故宫博物院乾清宫正大光明殿

图 1.13　北京故宫博物院御书房龙椅

中国关于商业活动的记载可以追溯至原始社会，儒家思想强调和提倡“重道义轻功利，重农抑商”。古代中国虽不乏成功的商贾，但商业办公空间遗留不多，没有什么独特的风格。现存可考的是明清以后的“会所”、商铺和一些富人的会客厅、书房等，与衙门比较，虽然精细和质朴，但空间规模都不大（图 1.15）。

图 1.14　古代衙门办公空间

图 1.15　平遥古城日昇昌票号

中式建筑、装饰和办公空间形态对其他亚洲国家有显著的影响。

【中式建筑、装饰和办公空间】

实际上，世界几大文明古国在很长一段时期，就已经因为不同的环境、气候、制度、信仰、材料与技术等原因形成了不同的建筑和装饰文化，而且由于不同的管理和办公方式，造就了各自特有的办公空间形态。但由于时间久远，可供研究的资料不多。在之后的历史进程中，办公空间的发展其实只是一个从粗犷、简朴向精细、复杂发展的过程。这些不同的建筑、装饰风格及办公空间形态实际上是各民族传统文化的一部分，并继续向前延续和发展，甚至通过交往蔓延到其他文明区域。

过去，无论实行中央集权的古代中国，还是以地方自治为主的西方国家，古代办公建筑的主要类型都是城市中与行政和公共事务相关的市政类办公建筑。古代中国的办公建筑主要是宫殿和衙署，西方古代的办公建筑主要是市政厅和市政广场等，它们都是城市政治与社会生活中最重要的组成部分，引导着城市各项公共事务的发展。

1.2　现代办公建筑的初始

在西方，办公空间的形成最早可以追溯到中世纪，当时具有较高社会地位的修道士可以算得上办公环境的“发明者”（参见图 1.6），这些神职人员的“上班时间”以每天教堂里的钟声为参照。工业革命后，商业繁荣了起来，公证人可以在拥有办公家具的个人办公空间办公（图 1.16）。在当时的社会，公证人扮演着多重角色，如检察官、税捐代收人、律师、生意人，甚至是银行家。那时，会议桌形式出现，如图 1.17 所示的是 1799 年拿破仑在马尔迈松的办公室兼图书馆，场景中被几把椅子包围的就是一张简易的会议桌。

18 世纪中后期到 19 世纪初，大规模工业生产带动了能源、交通、商业、金融和管理等各领域的发展，社会管理和分工等进一步细化，现代意义上的办公建筑伴随快速的城市化进程出现。在文艺复兴时期，由于官僚体制的需要，政府办公楼开始出现，典型的有乔尔乔·瓦萨里

图 1.16　公证人的办公空间

图 1.17　拿破仑在马尔迈松的办公室兼图书馆

设计的美第奇家族办公楼，即后来的乌菲齐美术馆（图 1.18、图 1.19）。该建筑原先的主要功能是为佛罗伦萨的行政管理及各种官方办公提供用房，在平面上表现为由标准单元重复形成的大量办公室，在立面上表现为排列规整的窗户。与传统的大厦注重象征性不同，该建筑在设计上注重功能性，它也成为办公建筑设计的一种典范。

图 1.18　乌菲齐美术馆大厦的日景

图 1.19　乌菲齐美术馆大厦的夜景

图 1.20　罗马法尔尼斯府邸

银行和贸易行业在 15 世纪的欧洲发展迅速，需要相应的机构雇用人员进行运作，于是银行交易所出现了。这种建筑沿用了显赫家族府邸建筑的形式，保留着府邸建筑的某些特征，如庄严的立面、宏伟的中央入口及不同的楼层在比例上的区别。罗马法尔尼斯府邸是文艺复兴时期大家族的府邸（图 1.20），严整方正，建在阿诺河畔，内部装饰富丽堂皇，具有私人办公空间的特点。瓦尔特·格罗皮乌斯设计的德国法古斯工厂（图 1.21）是采用玻璃和金属幕墙的早期现代主义建筑的经典实例。法古斯工厂采用平面和立面的直线形，建筑基调平静而安稳，建筑的造型和功能相呼应，外墙以玻璃为主，轻快透明、紧凑严格，体现了现代主义的风格。该建筑的整个立面以玻璃为主，采用了大块玻璃幕墙和转角窗，在建筑的转角处没有任何支撑。这种建筑形态是现代主义建筑的开山之作，这样的设计构思在建筑史上还是第一次出现。

图 1.21　德国法古斯工厂外景和内景

1.2.1　现代办公建筑的诞生

图 1.22　纽约布法罗信托大厦

20 世纪末，路易斯・沙利文设计的纽约布法罗信托大厦（图 1.22）是以同样单元和楼层重复组成的高层建筑物。这座大厦的立面是重复的整齐排列的细胞式标准办公室，建筑主体强调垂直的线条，水平的底层和顶层形成强烈对比。

1904 年，弗兰克・莱特设计的拉金大楼（参见图 1.35、图 1.36）建成，标志现代企业办公建筑的出现。1936 年，弗兰克・莱特设计的约翰逊制蜡公司总部办公楼（图 1.23），运用了开放式办公空间设计理念，立柱顶端伸展成为圆形，圆形之间的区域覆盖玻璃，在阳光的照耀下，空间变得美轮美奂。这件建筑与结构高度结合的作品被各大报纸争相推送，员工也愿意主动加班，就是为了能在这样的环境里多待一会儿。

1911—1913 年，由卡思・吉尔贝特设计的纽约伍尔沃斯大厦（图 1.24）落成。这座大厦有 52 层，高 230m，高耸入云，当时人们称它为“摩天大楼”。直到 1930 年，这座大厦一直是世界上最高的大楼，也是技术上的杰作。它采用了钢框架技术、模制陶片、彩色条纹效果、超大体量和整体的构图，成为现代商业“大教堂”式的建筑。

图 1.23　约翰逊制蜡公司总部办公楼

图 1.24　纽约伍尔沃斯大厦

纽约布法罗信托大厦、约翰逊制蜡公司总部办公楼和纽约伍尔沃斯大厦，这 3 座建筑所具有的时代性特点，分别表现为适于办公租用的空间、开放式的办公平面布置、适应灵活的商业用途，它们都能满足当代办公的需求。

1.2.2 摩天大楼此起彼伏

20 世纪 50 年代，西方国家经济复苏，开启了一个无比繁荣的黄金时代。

克莱斯勒大厦（图 1.25）高 320m，在纽约帝国大厦完工前一直是纽约最高大楼，不过至今仍是世界上最高的砖造建筑物。直到 2007 年 12 月美国银行大厦（包括顶端高 366m）建成，它才成为纽约第三高大楼。克莱斯勒大厦被视为一座典型的装饰艺术的建筑，大多数当代建筑师认为克莱斯勒大厦仍是纽约最优秀的装饰大楼。克莱斯勒大厦具有爵士乐时代的装饰特点，表现为细针状的尖塔，可谓 20 世纪摩天大楼设计的典范。

纽约帝国大厦（图 1.26）高 443.7m，它的名字源于纽约州的别称“帝国州”。这座全球性地标建筑拥有 26 万多平方米的可租赁办公室、零售区域及一家广播公司的全部设施，每年约有 400 万旅客到此观光。

【国内的摩天大楼】

图 1.25　克莱斯勒大厦

图 1.26　纽约帝国大厦

带玻璃幕墙的高层建筑在美国引领风骚，1950 年在纽约建成的联合国秘书处大厦（图 1.27）是第一座玻璃幕墙的办公建筑塔楼，玻璃幕墙被侧面的石材覆盖并框住，具有强烈的方向感。之后，密斯 · 凡 · 德 · 罗设计的纽约西格拉姆大厦（图 1.28）是一座展示出了玻璃幕墙的高贵气质的大楼，立柱和楼板梁被带有“工”字形壁柱和统一的幕墙图案有规则地装饰起来。纽约西格拉姆大厦为城市贡献了一处公共场所，开创了“广场里的塔楼”的理念，这个理念很快在世界各国风靡起来，形成了一股兴建“国际风格”办公大楼的潮流。

从外观上来看，这些现代办公建筑大楼非常巨大和壮美，综合运用了新材料、新工艺和新技术，体现了时代的特点。

图 1.27　纽约联合国秘书处大厦

图 1.28　纽约西格拉姆大厦

1.3 现代办公空间设计的变化

现代办公室出现于20世纪90年代，自此伊始，“办公室”一直被西方文化视为“现代主义与工具理性的原型场所”。正如英国建筑设计师弗兰克·达菲所言：“办公室已成为发达及发展中国家大部分雇员最普遍的体验之一，20世纪晚期的主要景观就是办公室。”

1.3.1 “效率优先”主导下的办公空间设计

现代办公室的内部空间规划、办公家具与设备、光线与灯光布置、材料运用、装饰风格等都被统一于“科学管理”“流水作业”“分工合作”等，以讲“效率优先”的泰勒主义（弗雷德里克·W. 泰勒的观点）为原则。这也是20世纪办公室设计的准则。泰勒主义对于以效率为导向的设计美学的影响力正如包豪斯对于现代主义设计的影响力一样，都是深刻的。泰勒主义在19世纪80年代兴起，最初被运用于工厂这种以流水线为主要生产模式的工作环境，以实现科学化管理的宗旨，即将整体任务分解为若干单元环节并分配给每一位工人，并认为当单体效率最大化的时候，整体效益的最大值就会出现。这种分工合作、化整为零的理性主义在工厂车间得到了有效的证实，在20世纪初期，办公空间设计开始效仿。这样办公室内部就被划分为负责各种具体工作的部门，同一部门的雇员处理同一环节的类似工作。人们发现，除了工作环境不尽相同，在工作流程方面，办公和工厂的流程如同被替换的标准零部件一样。从办公空间的规划来看，“效率优先”在内部空间的规划设计上并非“以人为本”，而是以效率为导向，即以工作流程为依据，以减少不必要的时间或空间移动为具体目标。这样，办公室职员对工作与自我的控制权被进一步削弱。

弗雷德里克·W. 泰勒提出强调秩序的科学管理理论，深深地影响了当时的资本家。他提倡的这种科学式管理把人视为生产线上的一颗螺丝钉，把员工视为会说话的机器。如图1.29所示是泰勒科学管理模式下的办公空间形式。

图1.29 泰勒科学管理模式下的办公空间形式

1.3.2 “简单平淡”的办公设计时代

在20世纪二三十年代，英美等国的职业市场不景气，很多办公室职员为了保住工作而自降薪水，雇主因此无须在改善工作环境等方面增加任何投入。这些年也就成为办公空间设计史上最“简单平淡”的时代。

在这个时代，办公空间充满了等级化、非人性化色彩，在开放区域密集地摆放着标准化的办公桌。例如，图1.30展示了1933年使用了巴勒斯计数器设备的簿记办公室场景。当时的办公空间，在家具设备、空间规划、照明效果、室内装饰等方面，与工厂车间的工作环境并无本质区别，办公空间的办公风格和装饰风格并没有什么不同，人们只能从职员的穿着上看出办公空间环境的不同。工厂化、工业化、机械化的办公空间特征一直延续到20世纪40年代末，与极简设计风格的办公空间（图1.31）设计非常相似。

图1.30 “简单平淡”时代的办公空间

图1.31 极简设计风格的办公空间

在1934年，美国公平永安保险公司的簿记工作人员在使用穆恩·霍金斯品牌的速记设备进行办公（图1.32）。进入20世纪50年代，办公空间设计出现了“有意识的”风格转型，开始“去工厂化”，以建立与工厂车间风格不同的办公空间设计风格。到20世纪50年代中后期，现代主义设计意识逐渐式微，办公场所内部空间的风格出现了“即时”的后现代风格，如图1.33展示了办公空间方框的造型和黑、白、灰、米的稳定色彩。

图1.32 工作人员使用速记设备进行办公

图1.33 电影《玩乐时间》中未来非凡的预知画面

1.3.3 多元价值与人性关怀的办公空间设计

私人空间及其他公共空间承载了后现代主义设计思想，因此，“多元价值”与“人性关怀”在20世纪后半叶成为设计思想的主导。在办公空间设计上，人们推崇“多维向度”的价值观，从以“雇主为导向”逐渐转移到以“雇主－雇员为整体”，但“效率”“效益”等直接与资本逻辑挂钩的核心价值仍然处于强势的地位。在办公空间设计领域，与“技术”“机械”“工厂”“车间”等概念撇清关系是当时企业雇主最迫切的意图之一，这成为设计师努力创造独特视觉特征的原动力。当时兴起的各种办公设备，如打印机、复印机、录音机、电话应答机、出票机等，从体量、结构、工艺、材料、色彩、造型等方面进行了重新设计，目的是尽可能地消除办公设备的“工厂化气质”。尽管如此，以结构作为基本造型语汇的“机器美学”及其视觉特征还是相当突出的，而且跨越了相当长的历史周期，导致办公空间的工厂化特点未能完全消除。

然而，“多元价值”与“人性关怀”在办公空间设计上引导了以下3个转变。

（1）环境的转变。办公空间设计的真正转变，发生在20世纪60年代。由于技术限制和意识滞后等时代局限，办公空间设计始终无法摆脱与工厂车间工作环境的视觉关联，进入20世纪60年代以后，办公空间开始了模仿“富有之家”居住环境的思路，这样确立了办公室与工厂工作环境完全不同的设计风格。为了吸引更多的人才从事文职工作，办公室以“休闲舒适”的工作环境作为主要“卖点”。在20世纪60年代的西方国家，办公室职员与工厂工人的薪酬水平大致相当，两者之间的差异在于用工作环境隐喻身份的不同。

（2）技术的转变。随着办公自动化技术的推广，自20世纪60年代以来，办公空间实现了“去工厂化”目标的设计。在办公自动化技术应用的前提下，办公空间变得紧凑、简洁、干净，更加现代化了。从女性职员性别身份的视角来看，已婚女性成为白领工人，到现代化的办公室里工作：一方面，女性开始走进办公空间，减少了过去单纯居家不接触社会的弊端；另一方面，办公空间设计模拟家庭环境，增强并延续了人们熟悉的安全感。一些雇主认为，这两个方面都有助于女性职员更好地投入文职工作，可以创造更大的企业效益。

（3）办公空间设计的“柔性”转变。泰勒主义对于现代办公空间美学的持续干预，与20世纪七八十年代“崇尚自由”“强调个体价值”的英美文化相互矛盾。在以企业利益为主导、雇主思维为本位的办公空间设计中，无论社会思潮如何诉求去官僚化、去等级化，始终都无法摆脱泰勒主义势力的辐射。环境心理学家大卫·唐认为，20世纪80年代的办公室设计是“企业效益十年”的设计。这个时期出现的高速电梯、规则化空间，以及计算机控制的灯光系统、中央空调等技术统领了工作场所，消除了个人的控制力，从而实现了统一的管理。在被技术掌控的人造空间里，人与外界环境完全隔离，季节、天气、时间、地理等变化不再对室内办公产生任何不利影响。然而，久居办公室的白领人群在生理与心理的健康方面却遭受到了伤害。20世纪80年代末，西方国家集中出现大量“高楼综合征”人群，导致20世纪90年代以来出现了“熟练办公技术型员工的用工短缺现象”。结果可想而知，“效率优先”的设计价值观受到了舆论与市场的双重质疑，办公空间设计方法论在20世纪90年代后期再度出现明显的“柔性”转变。

1.3.4　现代技术美学观念下的办公空间设计

从办公空间设计的发展历程来看，办公空间最有效的利用方式并非尽可能地提高公用办公空间的占有率，而是尽量合理地规划办公人员的人均办公面积，并增加和拓展公共空间的面积与功能，引进了诸如“咖啡室”“瑜伽房”“游戏厅”“露天休息区”等多用途的社交空间设置。这样能最大限度地缓解办公空间的快节奏和高压力，减少办公人员生理与心理上的负面影响，从而提高办公人员的工作效率及其对企业的忠诚度。事实表明，当办公人员处于放松、舒适、宜人的工作环境时，会主动地开发并高效利用自身的工作效能。这种思路在很大程度上肃清了泰勒主义时期在办公空间设计领域遗留下的“等级化”的符号特征。即便如此，在标榜多元化、人性化、自由主义的21世纪办公空间设计领域，在视觉层面仍然呈现出统一的、理性的克制面孔，有节制的后现代主义成为21世纪以来办公空间设计的风格特点之一。可以说，在热闹的“反现代主义”的设计民主进程中，办公空间及其家具设备的新设置在设计上独树一帜，在办公空间和家具设计上表现为新的装饰性和空间特色，很大程度地维持了以方盒子等简洁几何造型为主的视觉语汇传统。而且，中性色彩如黑、白、灰、米等增强了商务空间的稳重，可以使办公人员心情平静，在办公空间设计中属于办公的主流色系。

1.4　女性化倾向、社会等级差别和现代办公空间

“办公室”是“办理公务的房间”，对内是员工工作的地方，对外是为消费者提供商业服务的地方。概括来说，现代办公空间设计的发展经历了以下5个发展阶段。

1.4.1 女性化办公空间

1. 为女性设计的办公空间

在如图 1.34 所示开敞的办公空间中，办公室员工大部分基层文职人员为女性。建筑大师弗兰克·莱特设计的拉金大楼（图 1.35），“第一次将办公建筑设计与管理哲学结合起来”。在工作环境上具有历史革命性的拉金大楼，是历史上第一栋有天井的高层办公楼，有完整的空调、防火系统和电梯，将空调系统设计第一次整合进建筑设计中。在拉金大楼里工作的大部分职员都是女性，所以为了迎合女性职员的心理需求，弗兰克·莱特采取了女性化的设计风格——简洁、轻质体量、采光充足（图 1.36），与粗陋笨重的、男性的工业化视觉语汇截然不同。该大楼采用自然光线增加空间的通透感，减少压抑、闭塞的负面心理感受；除此之外，安全感也是以女性职员为主体的办公空间所需的基本空间属性。为了提高办公空间效率，弗兰克·莱特一方面创造性地减少建筑外立面的窗户数量，用以塑造出完整的建筑实体观感；另一方面，用中庭天井的方式尽可能地引入自然光线，从而解决了采光问题。这样一来，拉金大楼成为 20 世纪初以“性别要素”作为设计思考的代表性建筑作品。

图 1.34　第二次世界大战期间英国办公室内景

图 1.35　拉金大楼外景

图 1.36　拉金大楼女性化办公空间

2. 女性成为办公主体

19 世纪 80 年代，随着打字机等新型办公室设备的引入，女性打字员不断进入办公室工作。如图 1.37 所示，西部联盟电报公司办公室作为女性办公空间，毫无私密性可谈，如同在教室里一样，女性成为办公空间的主体。19 世纪 90 年代末，纽约大都会人寿保险公司的办公空间（参见图 1.38）采用男女职员分处两室的做法，尽力为人数居多的女性职员提供人性化的办公

图 1.37　西部联盟电报公司办公室

环境，因为“隐私性”与“男女有别”的性别观念是那个时代的主流意识。到 20 世纪初，行政秘书类工作逐渐成为女性化职业，一是因为女性群体工作自愿，二是因为女性员工薪酬低。从此，女性群体迅速取代男性，成为办公室主体文职人员。

3. 办公空间的女性化倾向

过去绝大多数女性囿限于家庭生活，身份是家庭妇女。因此，办公室这种新型公共社会空间的出现，对西方社会现代大众启蒙具有重要意义。同时，这也是女性身份在自我认同和社会现实的体现，即办公室女性文职人员这种新身份出现了。从设计史的视角来看，大量历史图片资料都表明了女性与办公空间的密切关系。

4. 不同身份办公空间的性别差异

纽约大都会人寿保险公司内部实行以身份、性别来分区域的办公空间规划（图 1.38），身份、性别不同，则办公空间的设计和规划不同。等级高的办公空间私密，陈设精致，而等级低的空间开放，陈设简单；高级办公人员大都为男性，而在普通的办公空间工作的大都为女性。因此，从办公空间的特点来看，高级工作的办公空间的设施和装修比较奢华，普通员工办公空间的家具和设施的布置如同工厂环境一样简单。

图 1.38　纽约大都会人寿保险公司办公室内景

1.4.2 办公空间的等级化差异

1. 办公家具和设施的身份认知

办公室的空间大小及家具类型影响员工的自我身份认知，因为空间与设备作为线索常被解读为能力、地位及人际关系的表征。在父权制的社会形态中，基于性别二分的空间划分系统，将女性归属为以家庭为代表的私人领域，而男性则掌控以社会为主的公共空间。然而，越来越多的女性走出家庭成为职业女性，与男性处于相同的工作空间，这样，办公空间中的公共场所的私密性成为新的形式。

2. 办公人员身份等级对空间层次的设计需求

对空间的自主划分意味着较高的社会地位与灵活的资源掌控。信息的传播路线一般由“密闭空间”向“开放空间”流动，由“男性雇员”向“女性雇员”传达。隐私权、采光权、空间配置权的多少直接与个人身份关联：技术含量较低的工作人员，如接待员、文秘、后勤等，一般处于办公室空间的入口或中间的地方，以便高层管理人员可以随时快捷方便地找到他（她）们；一般工作人员处于空间中部或入口处，自然光线不足，依靠人造灯光来补充；高层管理人员有独立办公空间，从隐私上讲，这是一种优势资源。

3. 办公空间的等级化

20 世纪 80 年代末，以保险公司为代表的金融行业办公空间是最典型的“性别区隔空间”，经理多为男性，而行政办公人员绝大多数是女性。女性白领的工作空间主要集中在“开放的”楼层与位置；相反，男性工作空间因为有独立的经理办公空间，私密性会好很多。

相关研究表明，职位才是员工在办公空间位置排列的首要参考因素，而非性别。不过，现代白领阶层的职位系统实质上仍是“基于性别的社会劳动分工”的产物。因此，从办公室内部的空间分配来说，性别化的特征相对明显：女性员工多居于办公室格局中的开放空间或边缘位置。职业等级的高低与办公空间的私密性成正比：大概 75% 的秘书（大部分为女性）需要共用办公室；55% 的职位是秘书，由女性主导；其他的高级管理职位多由男性主导。职位高的人物理空间私密性高；职位低的人物理空间私密性低，更具开放性。

1.4.3 办公空间的非等级化差异

1. 办公空间非等级化的起因

自 20 世纪 60 年代起，信息技术突飞猛进，等级化更加符合科学管理原则，过去以“效率优先”为导向的传统办公空间格局逐渐被市场淘汰。英文的“层级”（hierarchy）一词在很多时候被解读为“有层次的”“差异化的”“有层级变化的”“有逻辑秩序的”空间诉求或组织构架，号称与“办公室权力或政治无关”，是理性方法论的产物。例如，辉瑞全球研发药物创新实验室的办公空间设计采取了层级化设计思路，体现了企业遵从内部“命令链条”的逻辑与方向，可以更好地呈现有利于制药学领域创新的特色工作流程。

2. 景观式办公室设计和差异化办公空间

这起源于德国 20 世纪 60 年代末的“办公室景观”设计，“自由”“灵活”“开放”是其主要特点。为了尽可能地提高办公效率和交流效果，需要根据实际交流的需要，制定办公空间的规划格局，以实现最佳工作流程与交通路线。景观式办公空间至少在两个方面符合环境行为心理学的基本理论：第一，良好的人际关系及令人愉悦的工作环境；第二，员工对工作环境有自主控制权，即员工是否对雇主有更亲密的认同感。如能体现这两点，便能增强效益，促进生产。这种方式从空间和配置方面弥补了普通员工与高层管理人员之间的差别化，是“去等级化”、倡导“自由平等”意识更新的产物。相关研究表明，等级化的“差异产生”仍然存在于办公空间的各种细节上，如家具的细部造型、材质、摆设、方位等方面。

3. 办公家具和设施的不同体现办公空间的差异化

20 世纪以来，办公室室内空间的规划设计及家具设备的配置，都普遍遵循两种办公空间设计的路线：一种是高级别员工的办公空间呈现等级化与符号化特点；另一种是普通员工的办公空间则表现出明显的模块化、集约化的设计原则。空间的位置、布局、光线、设备、装饰等都具有明显的等级化与符号化差异，具体表现为：第一，高层管理人员的办公空间是私密隔离的、与外部空间连通的，布置有大尺度办公桌、独立卫生间、木制书柜甚至价值不菲的艺术品等；第二，级别较低的普通员工，办公环境往往具备开放、与外部环境相对较远、模块组合等特点；第三，模块化、集约化的空间与设备设置，强化了企业的统一管理与调配，也节约了成本，便于日后进一步灵活调整。

这种棋盘式布局的空间模式在某种程度上模拟了工厂生产装配流水线的形式特点，突出了团队合作的空间语义，用标准化替代风格，用共性取代个性，符合泰勒主义关于科学化管理的精神原旨。这也成为普通办公空间设计的一种风格。

1.4.4 现代办公空间

自 19 世纪 90 年代以来，“办公室”作为一种新兴公共社会空间类型出现，便被视作代表“现代”的典型浓缩物。办公室及其工作类型集合了理性生产、高度流程化等现代性方面的主要特点。勒·柯布西耶在《走向新建筑》中认为：“我们的现代生活已经创造了……一流的办公家具。”密斯·凡·德·罗设计的纽约西格拉姆大厦（参见图 1.28）是国际主义设计风格成熟的标志，也是钢框架结构与玻璃幕墙等新技术的试水之作，为之后的办公大楼设计奠定了基础、树立了经典，被认为是“现代性”集大成的标签。密斯·凡·德·罗曾将办公室比喻为“工作的机器”，他受勒·柯布西耶机器美学理念的影响，将建筑比喻为“居住的机器”。由此可见，19 世纪末至 20 世纪 90 年代的办公室设计美学，深受现代主义设计运动的影响。

1. 开放式办公空间景观设计

西方现代办公空间的需求及设计项目集中涌现于 20 世纪 50 年代，此时现代主义设计思想成熟，并逐渐演化为国际主义风格。基于科学化、效益化等管理学理论的办公空间设计，特点是以“简洁”“开放”“灵活”为主的视觉风格，“功能化”“模块化”的空间组合体成为现代办公空间设计的主要趋势。20 世纪 70 年代之后，办公室景观的开放空间设计原则不再出新，取而代之的是低成本、高效率、现代化的办公室图像：所有雇员聚集在无隔断的开放空间中一起工作，呈现出富于竞争力的、有活力的、市场化的热闹场景。

2. 开放式办公空间的设计优点

开放式办公空间的设计优点表现在：强化了对工作量的认知，提高了工作期间的沟通效率。如图 1.39 所示的是拉金大楼内的开放式办公场景。

3. 开放式办公空间的设计缺点

开放式办公空间的设计缺点表现在：降低了员工对于私密性功能需求的满足感，影响了员工对工作的满意度；开放式办公空间不能促进员工之间的人际关系融洽。开放式办公空间的设计根源于资本逻辑及以雇主为主的价值导向，对于企业而言，开放式办公空间设计利大于弊；对于员工个体而言，没有隐私。

4. 开放式办公空间的代表

荷兰比尔希中心保险公司办公大楼（图 1.40）是设计师赫曼·赫兹伯格的代表作品之一，他的设计喜欢用“堆栈”的形式，将每一个独立的办公空间作为一个模块，以线性但非规则的

图 1.39　拉金大楼内的办公场景

图 1.40　荷兰比尔希中心保险公司办公大楼的堆栈设计形式

设计形式，按照个性化的需求进行排列分置，每一个“工作岛屿”单元中的几名员工可以按照各自的喜好装饰其内部空间。这种方式符合以功能主义为主要原则的现代主义设计思想，从外部来看，每一个模块各自独立，但仍然从属于某种连贯的整体风格；从微观来看，办公空间内部的模块体现了个人意志，为自由表达权利提供了操作空间。比尔希中心保险公司办公大楼很好地解决或协调了企业与员工、整体与个体、公共与私人、稳定与变化、工作与社交、建筑与室内的矛盾关系，因此被称为办公空间设计史上里程碑式的作品。

1.4.5　办公空间的其他空间模式

20 世纪 60 年代，信息技术的发展要求办公空间快速适应企业组织机构的变化。此时，欧洲和日本取代美国，成为办公建筑设计的先锋，这种变化主要体现在办公建筑内部办公空间模式上的探索。

1. 组合式办公空间

1973 年全球石油危机以来，世界经济衰退，景观式办公空间取暖和照明费用太高，降低了受欢迎的程度。景观式办公空间中室外视野缺少、自然采光差等问题逐渐暴露，而办公室工作人员获得室外视野和自然采光却被规定为一种权利。为了应对这种形势，新的办公空间设计案例出现了。1978 年，腾布姆建筑师事务所设计的佳能公司瑞典总部，创造了一种组合式的办公空间形式，将“隔间式”办公空间与“开放式”办公空间相结合。隔间式办公空间设有玻璃隔断的小房间，沿建筑物周边布置，这样员工可以享受自然采光和室外视野，拥有私用空间且不受干扰。而开放式办公空间位于建筑的中部，配备公用设施，如档案室（柜）、会议室（桌）、复印（机）室等。这种开放式办公空间形同起居室一样，促进了员工之间的相互交流。

日本 KOIL 是一家扶持初创企业家开展工作的创新中心（图 1.41），这种打破传统的办公环境里有各种重要的空间，包括户外作业区、生产车间、会议室、咖啡馆和休闲空间等。这个办公室像一座微型城市，里面可以同时开展各种活动。在这样的环境下，公共区域的人们必须及时交流，从而促进了理念的交流和传达。其灵活的空间布置，同传统的办公空间整齐划一、自上而下的设计形成强烈的反差。

英国 Bagel Factory 办公空间设计（图 1.42）包括开放式办公桌、会议室、茶点和一个非正式的休息区，所有这些符合开发工作所需的明亮和充满活力的氛围，适合崭露头角的企业家和任何想拥抱东伦敦创意的意图。

图 1.41 日本 KOIL 开放式办公空间设计

图 1.42 英国 Bagel Factory 办公空间设计

2. 电气化办公空间

到 20 世纪 80 年代，全球石油危机接近尾声，商业活动重新繁荣，此时计算机作为普通办公设备不断推广开来。办公计算机化成为全球化发展的趋势，互联网也逐步推广。1986 年，理查德 · 罗杰斯设计的伦敦劳埃德大厦（图 1.43、图 1.44）就是这个时代的产物。劳埃德大厦富于表现高科技的外观，表达了公司的信心和实力。劳埃德大厦的附属功能设施，如电梯、楼梯、厕所等，都环绕在建筑物的周边，建筑内部有一个从地面到顶部高达 72m 的巨大中庭，中庭之上是一个拱形采光顶，为大进深的平面形式引入天然采光。在当时来说，这是设计史上的一次创举。

图 1.43 劳埃德大厦内景

图 1.44 劳埃德大厦外景

3. 虚拟式办公空间

随着互联网等信息技术的发展，出现了虚拟化的办公建筑，办公变得自由，场地也发生了变化，没有固定的上班地点和上班时间。一个有趣的例子就是动态办公大厦——荷兰 ForTop 办公楼的出现（图 1.45、图 1.46）。这座办公楼综合了组合式办公空间与桌面共享办公的理念，针对不同的活动行为设计了不同的工作场所，有单独专用的办公室、开放式的办公室、适合组团工作的办公室及各种非正式的办公区。

图 1.45 荷兰 ForTop 办公楼外景

图 1.46 荷兰 ForTop 办公楼内景

【现代办公空间】

综合而言，现代办公空间的模式有：一是 SOHO 办公空间。SOHO 是“Small Office，Home Office”的缩写，意为小型办公空间或家庭办公空间，是一种更为自由或弹性的开放工作方式，也是一个集工作、学习、休闲、健身和娱乐等功能于一体的办公空间。二是 LOFT 办公空间。LOFT 办公空间主要由旧工厂或旧仓库改造而成，少有隔断的高挑、开敞的空间，并且外延不断扩大，还包括学校、商业建筑和办公楼等非居住功能空间的旧建筑改造改建而成的大空间。在 LOFT 办公空间，各种构架、管线、横梁、砖墙都直接暴露在外，包括粗糙的柱壁、灰暗的水泥地面、裸露的钢结构、带有破损的工业痕迹，体现了对废物的利用和过去历史的记忆。三是联合办公空间。为了降低租赁成本，不同的公司和企业进行联合办公，共享办公环境，彼此独立完成各自项目，这样可以提高写字楼的利用效率、工作效率并降低成本。

从建筑的外观到建筑的内部，办公空间设计发展史上也有 20 世纪 50 年代的玻璃盒子，20 世纪 60 年代的景观式办公，20 世纪 70 年代的实验室办公，20 世纪 80 年代的自动化办公，20 世纪 90 年代的系统化、多元化办公等形式。除此之外，办公空间从结构和形式上还有蜂巢型、密室型、鸡窝型、俱乐部型等多种空间结构形式。

1.5 办公空间设计趋势

办公空间的迅速发展推动了办公建筑设计的不断创新。办公建筑作为当代经济繁荣、社会进步、技术发展的标志，成为 21 世纪城市有序运转的象征。随着办公空间和办公模式的改变，以及时代主题的发展，办公建筑的设计理念在不断变化，设计理念逐渐被赋予新的内涵。未来办公建筑设计会因材料、设备、施工和信息技术等的不断发展而具有前瞻性。过去集约化的办公空间建筑开始从集约化发展到分散化共存，在二线、三线、四线城市甚至乡村原野也提供了更多的机会，大大缓解了大城市过分集中的压力。

现代办公空间设计需要考虑的层面越来越复杂，涉及科学、技术、人文、艺术等因素，表现为百花齐放的特点，人性化设计、开放性设计、共享性设计、弹性设计等成为趋势。单纯的形式美、功能美已经不能满足现代办公空间多样化的需求，办公空间诉求绿色节能环保、智能化、舒适性、工作效率、心理减压等方面的空间类型。

1.5.1 办公建筑的形象塑造与标识性并重

从建筑形式来看，建筑越来越高；从城市规划来看，办公建筑的城市空间呈现出集约化的趋势。不同类型的办公建筑相对集中于城市的一定区域，如中央商务区、行政中心区、金融中心区、科技创新园区等，往往代表了一座城市的整体形象，展现了独特的单体建筑形象特征。因此，办公建筑以标志性和个性来突出特点，也因标识性的特征而得以群体扩展，如北京中关村创新园的规划就以“整体设计、点轴结合、组团布局”为原则，在高度上采用了 45m、60m、80m 等几条控制线。不过，从整体上看，单体办公建筑的个性大于城市的整体布局特点。

1.5.2 人性化的办公空间

办公空间的模式强调了服务于员工的工作环境，即如何吸引杰出的人才、如何形成员工交流想法的环境、工作环境如何反映企业文化等办公设计开始关注办公建筑的室内环境，呈现出 3 种趋势：开放透明的办公空间、无区域划分的办公空间、建筑内部流线组织的变化。

开放透明的办公空间表现为将开放式办公空间与中庭、空中花园相结合。中庭具有很好的自然采光特点，极具魅力，办公室区域的绿化和休闲活动穿插其间，为人们休闲、洽谈、交流提供了场所。作为办公人员，不仅需要办公，而且渴望个人空间，希望既能看到室外景观，又能享受自然采光，满足人性的需求。对于无区域划分的办公空间，因为互联网技术的发展，员工只有文件柜，固定的办公场所开始消失，形成了无区域的办公空间设计，使得共享办公空间成为可能。这为办公空间设计提供了思路。由于信息技术的发展和人性办公空间的要求，新的办公空间出现了开敞式的大堂空间流线组织，并设置了休息和服务设施，电梯与中庭结合，有玻璃观光电梯，建筑内部流线发生了变化，可视化程度提高使公共空间变得安全、梦幻。

简而言之，人性化办公空间就是“以人为核心”“以人为本”，一切有关的素材、技术都要考虑空间的布局、通风、采光、流线等，要更加人性化，贴近大自然，体现一定的精神功能，降低日常能耗；同时，调节风力、电能、太阳能的利用，实现先进科技与人文精神的平衡与融合。

1.5.3 绿色生态办公建筑设计

由于生态、环境及能源问题等日益突出，人们对“绿色建筑”的兴趣高涨。诺曼・福斯特设计的法兰克福商业银行大厦（图 1.47）树立了高层生态办公建筑的典范，主楼的标准层是微微呈弧状的三角形平面，中间是一个通高 160m 的中庭，给建筑带来自然光线。建筑立面的外墙系统是绿色设计的一个关键，多层外墙系统的层间可启闭窗扇和遮阳装置，空气可以流通，减少了对空调设备的依赖，从而降低了造价。除此之外，空中花园、绿色屋顶、再生材料的利用，也在绿色办公建筑中流行。

图 1.47　法兰克福商业银行大厦

伦敦瑞士再保险公司大楼（图 1.48、图 1.49）也由诺曼・福斯特设计，被誉为 21 世纪伦敦街头最佳建筑之一。这座 300m 的高塔是世界上第一座生态高层建筑，除了极少数严寒或酷热天气，其他时间整栋大楼全部采用自然通风和温度调节，将运行能耗降到最低，也最大限度地减少了空气调节设备对大气的污染。而且，它采用可再利用的建筑材料建造而成。因此，这座大楼被冠以“生态之塔”“带有空中花园的能量搅拌器”的美称。

图 1.48　伦敦瑞士再保险公司大楼远景

图 1.49　伦敦瑞士再保险公司大楼近景

1.5.4　多样化的办公空间

由于城市的发展，以及新材料、新技术、信息技术、交通技术的发展，办公空间的角色正在转变，办公空间的集约化和散居并列，后来出现了商业综合体，集办公、娱乐、餐饮、商业、文化设施、影视、汽车美容、体育锻炼、停车场等于一体，这样大大提高了办公建筑的利用率，也扩大了各种空间范围。多样化的办公空间不仅追求功能和效率，而且更多地关注办公人员对于自然采光、室外景观、信息交流、私密性、领域感等多功能诉求，这些都是办公空间建筑和室内设计的不竭动力。

多样化的办公空间具有智能化、复合化和虚拟化的特点，使得办公空间更加丰富多彩。在多元化的社会中，多样化的办公空间设计更加符合人们物质和精神上的需求（图 1.50）。

远程办公理念的提出，预示着智能办公系统（图 1.51）即将出现。拥有智能办公系统的公办空间，即使在夏天午后，办公室也不会让人觉得闷热。空调自动调至适宜的温度，空间整体的暗沉结合微弱的暖光、微合的窗帘及轻柔的背景音乐，让人在办公室里感到如同梦境一般舒适。

图 1.50　多样化的办公空间

图 1.51　智能办公系统

未来还呈现出虚拟化办公的倾向，因为未来是一个由信息和数字生活缔造的世界。未来的办公空间将从单一走向复合，周围常常共生有酒店、餐饮、健身、购物、娱乐、会议、游憩等多种功能空间，以适应人们瞬息变化的需求。

1.5.5 未来智能建筑对办公建筑设计的影响

未来，办公建筑物将趋向定制化，更能满足客户需求。智能建筑技术将逐渐修订并成为新的建筑标准，根据用户的偏好决定环境温度、光线亮度等。另外，计算机技术为建筑环境提供了更多支持，远程办公和虚拟现实等将成为主流应用。

（1）重新考虑租约与建筑功能。客户需求与房产营收模式的变化，意味着建筑物将更能满足客户的要求和开发商的期望。租约条款将更加简单，租期缩短，办公室也将改为按需随机使用。

（2）随时修改用途。设计师和开发商将采用更加通用和简单的模式，能在客户需求变化时快速进行调整。

（3）高科技、高度个性化。高清视频系统将无处不在，使得远程合作办公更加轻松，而且安全措施更加到位。高度互联的可穿戴技术，将帮助客户通过传感器系统实现对空间的控制。

（4）智能办公室成为主宰。配备以软件和应用程序为基础的控制系统的建筑将成为主流，建筑物的维护工作将成为高科技工种。

（5）减少对环境的影响。环保措施将成为常态，对 LEED 和 BREEAM（美国和英国的绿色认证体系）等认证系统的依赖将逐渐减少，融合健康管理与企业组织政策的员工健康计划将成为对环境保护措施的评级依据。

新的建筑物将展示前沿的技术、工程和建筑创新，不过我们眼前的都市风景线大都还是由现有的建筑物构成，它们在未来一段时间将继续伴随我们。一般情况下，一座建筑物每隔 40 年左右就需要进行重新改造，但对于未来的建筑物和办公空间而言，建筑装修与改造因为商业化常常每隔几年就会更新，除了采用先进的设计创新，节省水电和降低成本等仍将成为设计师考虑的重点。

本章训练和作业

1. 作品欣赏

浏览专业网站（如室内设计联盟等），欣赏办公空间设计作品。可以找一些古代欧洲国家的办公空间图片，学习它们的装饰艺术形式。

2. 课题内容

分析绿色生态、智能系统、交通发展、性别差异、等级差异等因素给办公空间环境带来的影响；在熟悉不同古代办公空间的装饰设计形式的基础上，研究如何运用古代办公空间设计的风格特点，来分析现代办公空间设计的文化传承及个性形成。

课题时间：12 ～ 16 课时。

教学方式：教师运用图片、视频等资源进行教学，学生就个人研习在课堂上进行分组讨论。

要点提示：古代办公空间的装饰状况；现代办公空间的发展历程；工作效率、人性化设计、性别差异、新技术给办公空间设计带来的影响。

教学要求：掌握古代办公空间的装饰形式、家具样式和空间格局。在平面图上，用心分析办公空间中的私密性、非差异性的空间设计尺度，以及未来办公空间设计的发展趋势。

训练目的：掌握不同的古代办公空间结构形式的装饰艺术特点；熟悉办公空间设计的风格和设计特点。

3. 其他作业

选择一种自己喜欢的古代办公空间形式，先进行研究，再做相应的装饰设计预想，然后完成相关的设计草图。

以一个给定项目进行办公空间设计，综合思考绿化环境、性别差异和新技术的影响，绘制办公空间设计草图（立面图、平面图和效果图），并作简明扼要的分析。

4. 思考题

找一幅古代办公建筑基址的平面图，进行古代办公空间的装饰设计。在建筑形制、面积大小一定的情况下完成办公空间设计，重点思考总体思维草图、立面图、平面图、效果图及代表性的办公家具形式。

第2章 办公空间的设计要素

【训练内容和注意事项】

训练内容：了解办公空间的发展概况、办公空间的设计要素；理解平面构成、色彩构成和立体构成的原则在办公空间设计中的应用。

注意事项：熟悉办公家具的特点；了解人际交流空间对办公空间工作环境的要求。

【训练要求和目标】

训练要求：了解办公空间中各功能空间的特点、设备设施的要求、消防要求、家具和人的关系、流通空间的规划分布，以及地面设计、照明设计、色彩设计等整体和局部之间的设计关系。

训练目标：通过对办公空间各功能空间片段的理解，设计具有合理功能的办公空间，绘制功能规划合理的平面图，完成办公空间的设计表达，能表现其外在的风格。

本章引言

办公空间设计，归根结底，体现了设计者对办公空间中各功能空间的充分理解，以及对人身安全、工作关系的理解。设计者需要满足办公空间的功能需求，设计出令人满意的办公空间。

2.1 办公空间的照明设计

2.1.1 功能照明

功能照明主要满足工作需要，适用于计算机作业、非计算机作业和两者兼有的办公空间环境。功能照明分为整体照明和局部照明两种。办公空间的功能照明如果仅用于计算机作业，则照度为 200 ～ 500lx；非计算机作业应取 500 ～ 700lx；两者兼有时，通常取 300 ～ 500lx。如果条件允许，最好采用可分别开关的灯组，也可以增加台灯来解决照明问题。办公空间的照度要符合表 2-1 所列办公建筑的采光标准的规定。

表 2-1　办公建筑的采光标准

采光等级	房间类别	侧面采光		顶部采光	
		采光系数标准值	室内天然光照度标准值 /lx	采光系数标准值	室内天然光照度标准值 /lx
II	设计室、绘图室	4.0%	600	3.0%	450
III	办公室、会议室	3.0%	450	2.0%	300
IV	复印室、档案室	2.0%	300	1.0%	150
V	走道、楼梯间、卫生间	1.0%	150	0.5%	75

光的照度可以使用照度仪来测量，至于设置什么灯具和多少数量，能达到怎样的照度，是一个比较复杂的问题。这里涉及空间的高低、大小、材质、颜色，灯具的质量、光照形式等诸多因素，并没有固定的标准可参考。通常，在净空高约 3m、面积大小为 3.2m × 6m 左右的格子单元的普通办公空间，天花吊顶和墙壁用浅色涂饰，如常用浅色乳胶漆，使用格栅灯、筒灯或下沉的拉杆吊灯。另外，灯管的新旧和品牌等不同原因，也会造成亮度的不同。

在确定照明方式和照明数量时，照明的设定是重点。在通常情况下，办公台桌、会议台桌、谈话区、走道等，都需要对光照进行恰当的位置安排，主照明的灯具不要离被照面太远。同时，要考虑照明灯具的装饰和美观、天花吊顶造型的完整，如果灯饰只作装饰或只考虑实用，不兼顾天花吊顶造型，就会破坏整体美感。因此，天花吊顶上的灯具需要兼顾实用和装饰的均衡，需要注意灯具的主次设置和布局。

办公空间照明所用的灯饰通常比较朴素，常用日光灯、白炽灯。为了体现办公企业的形象，诸如大厅、会议室、高层管理人员办公室等空间有时会装饰豪华一些。由于日光灯价格适中，光照面大且均匀，因此用得最多。白炽灯因为耗电且光线昏暗，所以使用渐少，取而代之的是节能灯。节能灯省电且光线明亮，使用比较普遍。

2.1.2 艺术照明

艺术照明多用于大厅、走廊、会议室和高层管理人员办公室等办公空间，这种照明通常采用反射光带、造型、点射光等，其作用是塑造浪漫、神秘、旷远等气氛，营造出具有一定格调的环境氛围。对于需要体现企业的形象和格调的办公空间来说，会对一些景物、艺术品、标识、样品进行重点塑造和照明，在照明上除了使用日光灯作反射光源，还使用大量的霓虹灯、软管灯、LED 灯、石英灯、金卤灯，以及各种异形 LED 灯等比较特殊的光源。

【艺术照明】

艺术照明的反射光带是一种功能性照明的衍生，在呈垂直面的布局下，直接照明的照度可以达到照明的 30% ～ 50%。但需要注意，由于光带的光具有炫目的效果，短时间内可以产生浪漫、旷远的感觉，如果所处时间超过 30min，人的视觉就会产生“眼花缭乱”的错觉，因此在需要集中精力工作的办公空间应避免使用反射光带。

2.1.3　光的空间设计

光的空间设计是照明纯艺术的应用，为了造型而设计。随着光源科技的发展，人们可以制造出各种光源，而且光源越来越绚丽、耐用和节能。随着商业和文化的竞争越来越激烈，无论是国家（地区）、城市还是企业、环境，都对光源的要求越来越高。于是，在办公空间设计中，结合光源和造型的艺术照明频频出现。光的颜色、质感、强弱，可以像音符和形色那样塑造出各种各样的造型，在夜间或亮度低的环境里，其绚丽、神秘所营造出的视觉效果，是其他造型无法比拟的。在办公空间设计中的大厅、走廊、会议室、景观等场合，通过光的造型设计，可以塑造出具有特色的艺术环境和空间。但是，光与色的滥用，会造成光污染，并产生资源浪费。

2.2　办公空间的色彩设计

任何空间的造型和色彩都会通过色彩和造型来展现，办公空间的色彩设计也不例外。办公空间色彩设计表现为家具和室内空间各立面色彩的组合与搭配的关系，既有局部形成的视觉感，又有整体的印象。

2.2.1　色彩的象征意义

色彩是一种既简单又复杂的现象，简单是因为所有的颜色都是由红、黄、蓝 3 种基本的颜色构成，复杂是在于用这 3 种不同的颜色通过不同的纯度、彩度、明度等组合与搭配可以构成多种色彩。

不同的颜色具有不同的象征含义，体现出不同的心理暗示，概括来说：红色象征热烈、兴奋，也象征伟岸；橙色代表温暖、明亮，预示秋天，给人欢乐和充实；黄色是华贵和光明的象征，常常是黄土和硬木的色泽，有一种朴实和沉着的华美之感；绿色是生气和生命的象征，是生机勃勃的希望，也是和平和环保的表征；蓝色是冷的纯色，是清凉的感觉，也是夜空和深海的联想，还代表技术和科学；紫色是一种具有神秘感的颜色，也是一种悠闲、优雅和高贵的颜色，其使用还要结合各地的风俗；白色是明亮的颜色，无彩色，有明净、纯洁和神圣的感觉；灰色是中间明度的无彩色，浅灰色有明亮的金属感，坚硬而清脆，深灰色则代表着严肃；黑色是最深的无彩色，具有坚实、深沉和严肃的感觉，均具有朴实、稳重的特征，适合于任何色彩的搭配使用，具有丰富与调和的效果。

2.2.2　色彩在办公空间装修中的运用

研究表明，人的眼球视网膜细胞能对全色域的色彩进行接收，这样就构成了人对色彩的感觉和形象。在生理上，人如果对色彩体验的时间过长，就会心生厌倦之感。当看单调的色彩时间过长，也会心生厌烦，而渴望看到对比的色彩，在生理上进行协调和补充。也就是说，当人们单调色彩看多了，希望通过鲜艳丰富的色彩来寻求安宁；当人们鲜艳斑斓的色彩看多了，又会产生视觉上的疲劳，则需要有单调色彩来平衡。在办公室装修上，不同的人群对于色彩的搭配和设计有着不同的认知。例如，中年管理阶层喜欢略微深色系的沉稳风格，这样凸显的是个人身份特征和严谨的领导者作风；相反，属于执行阶层的普通员工更倾向于鲜艳活泼的色彩元素，这种颜色搭配让人充满了干劲，可以尽情地开展头脑风暴，将精力充分投入工作。

鉴于国内外办公空间设计装饰流行色彩上的特点，下面归纳几种办公空间色彩主调。

【办公空间色彩】

（1）黑白灰主调，再加一两个较为鲜艳的颜色作点缀。黑白灰是一种沉稳和醒目的颜色，如果点缀鲜艳的色彩，需要结合办公空间使用的目的和用途，不能滥用他色，而且选用的颜色要与中性的黑白灰三色形成对比，看形成怎样的色彩感觉，以及给办公用途造成怎样的视觉效果和功能结果。例如，如果办公空间所属企业是经营食品的，用蓝色或紫色，感觉食品会产生一种苦涩、发霉、变质和生硬的错觉；如果办公空间所属企业是经营工业机械的，用粉红和粉绿的鲜艳色彩，在视觉上就会造成一种机械产品不坚硬、不坚固和不耐用的错觉。

（2）自然材料的本色主调，再辅以黑白灰或其他适合的颜色。这一类的色彩比较柔和，但色彩的象征性是一样的，只是对比程度比较弱。首先，自然材料的色彩也有深色、中间色和浅色的区别。例如，浅黄色的枫木、白橡木、象牙木等，优雅柔和，较适合装饰一些高雅的办公空间；而深色的柚木、红木等，则适合装饰一些较为严肃和传统的办公空间。又如，汉白玉、爵士白石、金米黄石、木纹石等，优雅清爽；印度红、宝石蓝和各类黑色的石材，显得严肃而庄严；而黑白和深浅色相间的石材，则能显示出多样的性格和醒目的效果。其次，自然材料和人工材料搭配，有时候会产生意想不到的美妙效果，如浅黄色原木配亚光的绿色油漆，会产生一种自然的美。可见，自然材料的色相、纯度和明度一般属于中性色调，容易与黑白及纯度、明度不同的黑白相近的颜色协调，放在一起对比后，会更加醒目有神。

（3）黑白灰家具装修主调，需要用陈设和植物的色彩作点缀而变得活跃。黑白灰的配色是一种优雅和理性的用色，在同一个环境中，黑白灰的使用比例不同，产生的性格也就不同。例如，以白色为主，衬以黑色和灰色，会产生清雅、纯净和柔美的感觉；以黑色为主，衬以少量的白色、灰色，有稳重、严肃和深沉的感觉；以灰色为主，则有朴实和安定的感觉。采用黑白灰的设计就是无彩色设计，这样容易突出造型。家具的造型如果没有标新立异，就会显得庸俗和平淡。在黑白灰的环境中，如果陈设、布置和植物等都是黑白灰的色彩，就会显得死寂，难免忧郁和单调，需要用陈设或植物等活跃和鲜艳的色彩来打破死寂。

（4）中性色主调构成的整体环境，氛围优雅。用温馨的中低纯度的颜色主调，再配以鲜艳的植物作装饰，这样的色彩搭配一般要遵循简朴但不单调的色彩原则。如果处理不好，就会形成暗沉和死寂的心理感觉，常常用饰物和植物的鲜艳来打破死寂，活跃环境氛围。

由于后现代主义和现代艺术的精彩纷呈，办公空间设计也开始大胆地运用鲜艳而明亮的色彩，以此形成强烈对比。例如，在各种特殊的办公空间中运用金色和银色，设计的关键点是如何通过色彩设计避免和减少工作人员及顾客过度地产生疲劳。

2.3 办公空间的三大界面设计

室内空间由三大界面（即地面、天花吊顶、立面）围合组成，它们确定了空间的大小、形态和装饰风格。不单单室内空间效果取决于室内界面，反过来，室内界面的材料、色彩搭配、细部处理等，也对空间环境氛围产生了很大的影响。地面、天花吊顶、立面的表面的装饰效果，以及三者之间的有机结合，所产生的美学因素给人在心理和精神上形成一个综合的办公空间环境，对空间的形成有重大的影响。

办公空间三大界面在设计上的要求：一是由于办公空间是公共性的空间，人流量较住宅区大，因此地面需要铺设经久耐用的材料；二是天花吊顶和立面需要采用耐火和防火的材料，还需要具有防水、防静电、隔音、易清洁等功能；三是作为三大界面铺装的材料，形成的功能效果要具有隔音、保暖、隔热等特点；四是天花吊顶需要采用轻质、反射光的能力强，具有较高的隔音、保暖和隔热效果的材料。

办公空间因为各功能空间的不同，以及精神诉求上的差异，而且始终作为室内环境的背景，所以对办公空间中的家具和陈设主要起着陪衬的作用。对于三大界面的装修处理，应根据不同使用空间的特点，作适当的装饰，突出重点，不喧宾夺主，做到简洁、明快，以淡雅为主。

办公空间的装饰设计也不是一成不变的。现代办公空间设计具有动态发展的特点，设计装修后的室内环境并非永久不变，而是不断更新、追求时尚，以环保、生态、绿色、科技、新颖、美观、新材料、新工艺等材料特点为主，取代旧的装饰材料和功能设计。

2.3.1　办公空间地面设计

办公室的地面设计也是平面设计，首先，要满足坚固耐用的要求；其次，要满足耐磨、耐腐蚀、防滑、防水、防静电等基本要求，能为办公的整体空间服务。

1. 地面装饰设计的要求

（1）满足隔音要求。隔音主要隔绝其他空间的声源，包括碰撞声等。当地面的楼板质量大、厚重时，隔音效果就好，可防止共振产生的危害。碰撞声的有效防止有两种方法：一是采用浮筑或夹心地面；二是采用弹性地面。在通常情况下，表面致密光滑、刚性较大的材料，如大理石，对声波的反射能力较强，吸声能力差。容易吸声的材料主要是柔软材质，如地毯，其平均吸声数达 55%。

（2）满足管线铺设要求。在进行办公空间设计与施工的时候，要考虑管线的铺装，满足强电和弱电线路的铺装，即电话、计算机、空调、电扇等设备的连接问题。一般有几种情况：一是在水泥平光地面上铺优质塑胶类地毡；二是在水泥平光地面上铺设实木地板；三是在水泥平光面上铺橡胶底的地毯，将扁平的电线电缆设置于地毯下；四是在水泥平光地面上打槽，将线路置于管道中，将管道置于槽中；五是智能化办公空间的管线铺设要求较高，一般有防静电要求，在水泥地面上架空木地板或抗静电地板，这样管线的铺设维修比较方便。经过地面铺装之后，室内的净空会减少，为了保持较好的视觉高度和心理感受，地板到装修好的天花吊顶的净空高度以不低于 2.4m 为宜。

（3）防潮、防静电的要求。微机房、资料室等办公空间需要防潮、防静电，地面材料应该符合使用要求，同时也要满足装饰上的需求。

（4）装饰的要求。地面的色彩、材质和图案设计，以及导视符号系统，对于烘托办公空间的环境和氛围具有一定的作用。地面铺装的材料、图案和色彩，与办公空间设计中的家具摆放、陈设设计、办公空间的格局等，共同形成人的视觉和心理上的审美需求。

2. 地面铺装材料的类型

（1）木地板。木地板分为实木地板、实木复合地板和复合地板。木地板多用于高档的办公空间，因为吸潮和不容易产生静电，也常被用于计算机等设备空间的地面铺装。铺设木地板之后，办公空间给人一种清新雅致、隔热保温、脚感舒适的感觉，有一种自然、温暖和亲切的感觉。

（2）天然石材。用于室内空间铺装的石材有花岗岩、大理石、青石板等。天然石材有花纹自然、富丽堂皇、细腻光洁、清新凉爽的特点。为了提高办公空间的档次，天然石材多用于门厅、楼梯、外过道等地方。

（3）陶瓷地砖。陶瓷地砖具有质地坚硬、耐磨、花纹均匀整洁的特点，造价远低于天然石材，非常经济，在办公空间中使用较多。一般在办公空间中铺装的地砖多用玻化砖、釉面砖、花砖等。

（4）地毯。地毯是一种高级的地面材料，具有隔热保温、隔音吸声、色泽艳丽、舒适柔软等特点，给人温暖、愉悦、高贵和华丽的感觉，广泛用于各类宾馆、酒店、住宅、办公空间中。地毯施工简捷，可以在地毯下面埋设电话线、网线等。市场上常用的地毯为纯毛地毯、化纤地毯等。

（5）塑胶地板。塑胶地板是人造合成树脂加入填料、颜料与布麻等复合而成的。国内的塑胶地板主要有两种：聚氯乙烯块材、聚氯乙烯卷材。卷材的耐磨性和延伸性优于块材。塑胶地板不仅具有独特的装饰效果，而且脚感舒适、质地柔韧、噪声小、易清洗，但缺点是不耐磨，因此适用于行人走动较少的地方。

（6）自流平涂层。在空间的清洁要求越来越高的情况下，一般多采用自流平涂层这种新的地面材料。很多地坪采用整体的、清洁的整合聚合物面层，以一种自流平涂的材料为主。这种材料的基本材料为环氧树脂，通常称为环氧树脂自流平涂料。在现代办公空间设计中，越来越多地使用这种涂料，其优点是平滑无缝、色彩典雅、不易污染，不仅可以保持地面卫生，而且具有良好的防水、耐磨和耐化学侵蚀性能，且具有天然的亚光感。但是，它有一定弹性，在施工上对平整度要求较高，价格也较高。

2.3.2 办公空间天花吊顶设计

天花吊顶能够塑造出一个令人惊奇的空间，既能带来愉悦、欢乐、兴奋，又能带来安静、沉静和忧愁，还能产生灾难，因为天花吊顶的背后潜藏着很多电线和可能触发的安全隐患。因此，天花吊顶是功能和形式处理的装饰空间。

1. 天花吊顶的设计要求

天花吊顶是环境和空间的一部分，其造型可以给人以美感和舒适感，能与环境形成协调的对比关系。天花吊顶依托于建筑空间，要注意建筑空间存在的结构、梁、管道，以及设计布置的各种电线、排气管道、空调管道和设施。天花吊顶尽可能与消防、空调管线和电气布线的形式一起来设计，或者尽量等电气布线设计完成后，再开始装饰设计。空调和电线的布置是前提，因为空调和电线的布置及高度限定了天花吊顶的高度，设计师需要依据空调和电线所占的空间来设计天花吊顶的造型和装饰。

2. 天花吊顶的造型

办公空间的天花吊顶应尽量设计得简单大方，而门厅、会议室和走道在办公空间中起到门面的作用，设计会比较别致，这样形成了繁简对比，有利于提高空间的品位，塑造企业的独特形象。虽然工作空间可以设计得简单、大方，但不等于是呆板、平淡的设计。

（1）平面天花。平面天花是一种简洁的天花吊顶，只需要先在平面上吊木方或金属的骨架，再钉上各种平面的夹板、石膏板、金属板或复合板就可以了。平面天花还分为固定的和活动的两种：固定天花钉上后再刮灰和涂喷颜色，整体效果更为平整简洁；活动天花的饰面通常先做好，再放在框架上即可，完工后的天花表面通常有格状或条状的装饰线，虽然不如固定天花简洁，但维修起来方便。平面天花的形式虽然简单，但仍然可以通过平面的分割、接缝宽窄起伏的处理、色彩的变化、照明的方式等，塑造出各种独特的造型。平面天花的前提是要有足够的高度。如果有更高的空间，平面天花的高度还可以更高，避免使人产生压抑感。

（2）叠级造型。叠级造型是指在同一个空间中，把天花吊顶设计成从一级到数级的不同高度。其优点是在较低空间可以放置管道、线路，或安装需要的照明。叠级造型的天花吊顶在门厅、会议室、走道、高层管理人员办公室等办公空间采用较多。在一些高度不足、梁比较多的空间，天花吊顶的设计要注意与平面、立面的协调关系，天花叠级的位置应与平面的布局有相应的联系，营造的高低空间要符合客户的使用功能和心理习惯。天花吊顶的叠级造型与走道或地面之间不能形成低矮的空间，否则会阻碍人的通行；在复杂的家具或地面空间装修中，天花吊顶设计宜简洁；在空旷简单的空间中，天花吊顶设计宜采用丰富的造型和装饰。

（3）局部叠级和局部天花吊顶。局部叠级和局部天花吊顶的作用：一是用于装饰；二是可以遮蔽建筑裸露的梁柱、管道等；三是可以保留原建的天花吊顶，最大限度地保持原有建筑的高度。局部叠级和局部天花吊顶比较适合于楼层不高、建筑梁柱比较规则的建筑。

（4）不吊天花。在一些低矮且管线较多的楼层中，可让所有的管道都暴露在外面，不吊天花。虽然没有天花吊顶，但总体造价不一定低廉。对于完全暴露的管道和线路，在设计上更要精细，在布局上要均匀美观，通常横平竖直、整齐排列。统一布局设置完毕，可用油漆统一色调修饰。这种形式的优点是能够在室内得到最大的空间，具有机械式的美感，各线路和管道日后维修也方便；其缺点也非常明显，容易沉积灰尘，形式比较复杂。

（5）光棚式天花。光棚式天花是指在天花吊顶的某部分或全部用木材或金属作图案框架，在架上放置透光片（用磨砂玻璃或透光塑料薄板），在棚架上排布日光灯，灯光通过灯片散射后，整个棚架就形成了一个整体的照明，且照明均匀、自然。在一些高度不够的办公空间，如果有天花吊顶的空间，就可以产生透光的效果，形成高度较高的“心理空间”，给人以高于实际尺度的空间感。这样的天花吊顶不仅造价高、用灯多、耗电多，而且透光片需要定期清理。

3. 天花吊顶与平立面的关系

在通常情况下，先进行平面的布局设计，待平面布局推敲合理之后，再以此为基础进行对应的天花吊顶设计。可见，天花吊顶与平面之间是一种对应的关系。至于立面，相对而言，具有很大的独立性，常常有文件柜、间壁、窗户等形态各异的造型，在形状上和天花吊顶差异较大。整体上来看，立面设计可以加强平面和天花吊顶的呼应关系，对于整体氛围的形成大有好处。

天花吊顶与平面的造型可用协调对比的手法来处理：其一，如果立面造型复杂，文件柜摆设也多，那么天花吊顶与平面则采取对比或一致的方式；其二，如果天花吊顶采用平面吊顶，用有韵律感的整洁造型，平面则用单色材料，或与天花吊顶造型相呼应，设计柔和或拼花图案，形成与天花吊顶一致的立面进行衬托。总之，天花吊顶、平面、立面是一个空间上三位一体对应的关系，共同构成了整体的环境氛围。三者在形式上如果比较平均，则环境的整体氛围就会较弱，往往难以协调或在视觉表现上会很单调；三者之间如果采用对比关系，有强有弱，有主有次，则容易塑造整个环境的整体氛围，各种关系就容易处理得自然大方。

4. 工作空间天花吊顶常用材料

办公空间的天花吊顶与普通空间的天花吊顶的装修并无本质不同，办公空间的装修材料由办公空间中不同的空间功能的特点决定。

（1）T 形龙骨天花。T 形龙骨天花采用倒 T 形的型材，有轻钢和铝合金两种，又分为宽龙骨和窄龙骨，天花吊顶一般构成 600mm × 600mm 的方格，在方格中再放防潮钙化板、矿岩棉板、铝板或天花棉板即可。

（2）扣板天花。扣板天花分条形和方形两种，材质有铝质、不锈钢和塑料 3 种。

（3）木龙骨天花。木龙骨天花以木方做骨架，先架上钉夹板，再进行刮灰和饰面处理。木龙骨天花由于容易施工和造型，因此是传统装修中常用的天花吊顶形式。但木料是易燃性物体，所以木龙骨天花吊顶上的木板和夹板均要按标准涂防火漆。按照相关规定，公共场所应避免大面积使用木龙骨天花吊顶，只用于天花吊顶中需要造型的部分。如果是密封式天花吊顶，还要留有维修口。

（4）轻钢龙骨石膏板天花。轻钢龙骨石膏板天花先安装轻钢龙骨框架，再用螺丝固定大块石膏板，然后刮灰和涂乳胶漆或做其他饰面。轻钢龙骨石膏板天花吊顶可以防火，能做无缝线天花，同样也需要留有维修口。

2.3.3 办公空间立面设计

在办公空间平面设计时，同时设计和限定了在平面上立面的位置，而且在天花吊顶设计中也定好了天花造型、照明方式和位置。实际上，当办公空间平面设计出来之后，办公空间设计立面就有了很多参考信息，立面设计必须以平面设计这些限定信息为前提。只有这样，立面和天花吊顶的设计才能进一步具象化。

立面是视觉上展示最多的面，不仅要有好的使用功能，而且要有新颖大方和独特的形象风格。一个长方体的建筑空间有 4 个立面，还有地面和天花吊顶两个面，而立面是最大面积的装修部分，所以立面设计的好坏决定着整个装修的成败。立面的功能和形式复杂多样，归纳起来，如下所述。

1. 门的设计

门是开合活动的间隔，具有防盗、遮挡和开合空间的作用。办公空间的门与住宅的门有很大区别，如大门的防盗要求高，既是门面，又是形象的载体。人们常常在门的空间位置，使用保安值班或电子眼来监控。现代办公空间的大门大都采用落地玻璃门或至少有通透玻璃门的大门，让外面的人能够看到办公空间豪华的装修和企业的形象，既具有广告宣传作用，又加强了防盗功能。有的办公空间还在玻璃门的外面加装金属卷闸门。企业的大门一般做得较大，宽度在 2000 ～ 10000mm，有两扇、四扇、六扇等形式。虽然卷闸门常用于防盗，但在档次上感觉比较差。

大门虽然有很多功能要实现，但装饰也很重要。传统的大门先用木材或金属等硬度比较高的材料做框，再封板或镶玻璃，装饰着各种图案或开着各式窗洞，甚至有人还在门窗上做木质的或金属的通花。这种形式的大门，具有豪华和稳重感。

（1）落地玻璃门。落地玻璃门采用不小于 12mm 厚的钢化玻璃，通过安装不同的玻璃门夹而具有不同的造型。落地玻璃门较重，每平方米 22 ～ 24kg，用地弹簧的方式开合。大门的玻璃做刻花和喷砂的图案时，可以彰显豪华和精致。

大门的拉手是人经常接触的地方，所以做得比较讲究。高级的拉手采用镀金或镶嵌名贵石材，价格较高，也有价格低廉的，在设计选用时应根据预算来定，但需要注意拉手与门和环境的关系。

（2）玻璃门夹和地弹簧。玻璃门夹和地弹簧不能选用低劣产品，否则整副门不会显得高档。而且，高级的地弹簧回位准确，能做到分级回位缓慢。

（3）门的外形。常见的门的外形是长方形，在不影响开关的前提下，还有拱形、弧形和梯形等形式。异形门的造价比较高，且不如长方形牢固，除非特殊需要，否则不宜滥用。门的开关有推拉、推掩、旋转等形式。旋转门可以减少室内的空气外流，有保温作用，在北方用得多，在南方用得少。但旋转门所占空间较大，发生火灾时不利于逃生，现在旋转门的使用在逐渐减少。

（4）门套。与大门配套的还有门套。门套的作用是固定大门并承受大门开关时产生的扭力，所以施工一定要结实。门套是用角钢焊接成的架子，或者直接用钢筋混凝土浇筑，外面装饰石材或金属。门套除了要注意整体效果，还要注意结构的牢固、安装的可能性和材料收口的美观。门套不需要移动，造型必须有个性，要体现企业的形象。

（5）门的装饰。除了隔间，室内隔间的门也是设计时应该考虑的地方。室内隔间通常用玻璃或者隔板来做，立面的隔间门和专门的装饰往往成为视觉的重点。门和饰物相比，表现为不同的特点，如果以门装饰为主，应强调门的装饰属性，从而让门起到很好的装饰作用。

（6）房间门。不同的功能空间会使用不同的门。房间门可按普通办公空间、高层管理人员办公空间，以及门的使用功能、人流量的不同而设计出不同的规格和形式；房间门还可以分为单门、双门、通透门、全闭门、推开门、推拉门等不同的功能形式；另外，在造型、材料和工艺上，房间门还有各种形式和档次。在一座办公楼中，房间门的造型和用色需要在一个基调下进行变化，这样可以强化和塑造企业的整体形象，在统一下求变化。

（7）门的装饰、设计和处理的几种情况。一是门的设计要以客户的业务性质及整体装饰环境的关系作为基础来构思造型。二是确定门与环境对比或协调的关系。如果整体空间窄小且狭长、摆设多，那么门可以简洁一些；如果整体环境为单调的文件柜及玻璃间壁，那么门的设计可以新颖醒目。三是如果门的周围是全玻璃间隔或半玻璃间隔，那么门在造型上最好留有与之呼应的玻璃窗，以在造型上取得协调；相反，玻璃间壁衬托着全封闭门，全封闭式间壁也衬托着全玻璃门。这种对比关系的形成，如果处理恰当，就会成为个性强烈的形式。四是门牌和标识。需要在办公空间和门套上用铜牌、不锈钢牌，或者直接将标识雕刻或印在门玻璃上。门牌的重要性在于醒目和识别容易。五是门的尺度要适中。门太小，在空间上会显得过于小气；门太大，除了要考虑比例的协调，还要考虑使用的牢固性，铰链和锁等还需要加固牢实。六是门的拉手和锁，采用适用和醒目的装饰配件，质量要好。七是门套的设计。门和门套是作为整体来设计的，门套是固定门的框架，在结构和感觉上要牢固。如果门套是板式或空心的结构，就应在安装门的活页和锁孔位置特别加固。

2. 窗的装饰

窗的形式直接影响整个建筑外观，由建筑设计完成。现代建筑的窗户往往面积较大，也对室内装饰影响较大。如何从室内设计角度装饰好窗户，对整个环境的装饰构成起着重要作用。对于窗的装饰，常用办法有：一是设计有特色的窗帘盒、窗台板甚至整个窗套；二是设计或选用具有特色的窗帘，可以选用透光效果好的材料；三是利用窗台的内外空间摆设植物的设计，既利于植物生长，又使窗户成为自然的风景。

3. 墙身的装饰

常见的几种墙身饰面材料有：一是墙纸。墙纸有很多种材质和花纹图案，可以根据设计来选择。墙纸的特点是花纹图案丰富多彩，视觉效果优雅，适合大面积使用，如用在会议室、豪华宽敞的办公空间等。墙纸如果应用在面积窄小和起伏的造型墙壁上，效果稍差。二是乳胶漆。质量好的乳胶漆表面平滑，有柔和的光泽，色彩优雅且耐水耐脏。乳胶漆可涂（刷）可喷，大面积喷涂效果较好，由于经济实惠、适合各种造型，因此在现代办公空间中广泛使用。三是多彩喷涂。这种喷涂与乳胶漆相仿，只是多了细密的彩点和凸出的小点，在现代办公空间中除了特殊的效果需要，一般使用较少。四是板材饰面。先在墙身做木方架，再在板材面上密封夹板，然后往上面贴饰面板，板面上刷清漆，露出自然的纹理，效果自然又豪华。这是比较高级的墙饰面，常常小面积使用，在现代办公空间设计中经常作为装饰造型来使用；如果大面积使用，就会变得不简洁和缺乏亮度，视觉效果较差。饰面板有各种档次，同样是2400mm × 1220mm 的规格，档次和价格变动很大，在设计时要多选择。五是壁毡类。用壁毡作饰面，效果柔和而亲切，有吸音作用，在墙面钉装不会留下痕迹，比较适合于钉挂图片；缺点是容易沾灰，清洗不容易，洗涤多次可能损毁，适合于会议室和展示柜内壁的装修。在靠近地面或人容易触摸到的地方，不适合采用壁毡类材料。六是石材壁。石材壁通常采用大理石和花岗岩这两种，它们具有天然的花纹，坚硬而光亮，易于清洁，经久耐用，但造价高，工艺难度大，只适用于门厅墙壁或走廊部分的装饰造型。在室内过多使用石材，不仅造价高，而且给人以冷清的感觉。七是防火板壁。这种板壁品种繁多，图案与色彩丰富，有各种装饰效果，还具有耐脏、易清洗和耐用等优点。防火板壁需要用木方夹板作底架构才能贴饰，价格比墙纸、壁毡、乳胶漆略高。由于人造材料大量生产，其价格不断下降，因此装修成品会贬值；相反，如果使用天然石材或木材，装修成品往往容易保值。八是人造砖板壁。这种板壁有各种规格、质感、色彩和图案的方形砖、条形砖和瓷片，效果与石材壁相近。这种板壁虽然已有1000mm × 1000mm 较大规格的板材，但仍然不能与天然石材相比。天然石材主要用在卫生间等容易潮湿的地方，如果在门厅墙壁上使用，档次稍低；如果在办公空间的墙壁上使用，则显得冷清。在后现代装饰风格的办公空间，人造材料大有市场。九是组合材料壁饰。在装饰设计过程中，将一种或几种材料穿插组合使用，构成较大面积的装饰感，效果会很好。组合表现为多种形式，如木材与石材的组合、木材与壁毯的组合等，都各有优点，在色彩和材质上，都能产生对比和美感。不过，在装饰上需要注意整体的装饰效果，不必搞得眼花缭乱，否则导致整体视觉混乱、品质下降。十是特殊用途壁饰。随着信息技术的发展，信息传播无处不在，特殊用途壁饰在办公空间墙壁上运用较多，如 LED 墙、电子信息墙等。

4. 玻璃间壁

除了实壁，玻璃间壁也在办公空间设计上流行，尤其是在走廊间壁设计上。在办公空间中应用玻璃间壁，便于管理和监控，也便于各部门之间相互监督与协调工作，在视觉上也显得空间更加宽敞。玻璃间壁有 3 种形式：一是落地式玻璃间壁，特点是通透、明亮、简洁。由于面积大，所以玻璃间壁使用的玻璃要厚，最好用钢化玻璃，厚度在 12mm 以上。这种玻璃间隔往往不直接落地，而是安装在高 100 ～ 300mm 的金属或石材基座上，基座的作用是为了防撞和耐脏。这种落地式玻璃间壁适用于室内设计宽敞的空间，家具布置与间壁要有一定的距离，这样有利于间壁的清洁，在视觉上整洁而不脏乱，档次会显得更高。二是半截式玻璃间壁，即高度在 800 ～ 900mm 的玻璃间壁。这种玻璃间壁的下面可以是文件柜，也可以是普通的墙壁。半截式玻璃间壁适用于紧凑的办公空间，因其紧靠间壁摆设家具，增加了文件的储存空间。但是，这种玻璃间壁不如落地式玻璃间壁通透。三是局部式落地玻璃间壁，即将间壁的某部分设计成落地式或半截式玻璃间壁。这种玻璃间壁能保留一定的墙壁或壁柜空间，还可以留下通透的位置，在视觉上宽敞与通透。如果其施工所处的面积太小，自然就不如半截式和落地式的间壁，在视觉上显得琐碎、小气而不整体。玻璃间壁可以用磨砂玻璃、压花玻璃等，还可以在透光部位用窗帘进行遮挡和装饰。

5. 壁柜设计

在商业化的办公空间里，壁柜的设计非常流行，其优点在于：减少了占地空间，增加了存放空间；壁柜与墙壁形成一个整体，使室内更加简洁，而且由于办公空间的设施和家具比较多，简洁的壁柜有利于减少空间的凌乱；装饰倾向发生了变化，壁柜从重视装饰与实用的功能转向注重实用功能，不再突出壁柜本身。

壁柜设计的技术要求如下所述。

(1) 设计前要搞清楚建筑结构图，承重墙及建筑的柱梁可能影响视觉或功能空间，但不能拆。也就是说，设计装修不能危害建筑安全。

(2) 设计壁柜前，壁柜的深度或宽度要依据办公文件的宽度来设计。如果壁柜的厚度过大，就会损害空间的面积；如果壁柜厚度太小，办公文件就可能放不进去，导致器具不能使用；如果是用于对外展示的壁柜，壁柜应内设层格，需要照明，并用玻璃防尘。

(3) 壁柜的造型尽管不必讲究装饰，但需要注重造型，因为企业办公空间需要强化形象设计。柜门是展示办公空间企业形象重要的视觉因素，所以应注重柜门的造型、色彩等环境形象给办公空间造成的整体形象。

(4) 壁柜是消耗板材的工程，规格要符合板材的标准模数，除了要考虑节省材料，还要考虑层板和柜门的牢固和美观。壁柜的高度在 2440mm 以内，比较方便使用；壁柜的高度低于

2200mm，在心理上则会感觉小气。不计算柜脚和顶柜的高度，如果壁柜高于2400mm，既浪费材料，又费工费时。

（5）壁柜容易损坏的地方是柜门和柜脚线。柜门因开关次数较多，容易损坏；柜脚线因为受潮，容易脱落损坏。所以，柜门的铰链质量需要稳定牢固，柜脚线等要做好防潮处理。

（6）壁柜如果是定制产品，就会解决以上问题，只是实际中定制成本有可能增加。

6. 营业前台

在某些办公空间中，营业前台不仅在功能上不可缺少，而且位置要放在办公空间显眼的地方，如置于大堂的门厅旁。

营业前台设计注意事项如下所述。

（1）营业前台为功能而设，因此首先要满足设备安置和工作使用的要求，跟普通设计一样，包括前台的位置、供电和信息的传送，工作台椅、柜台、照明、资料文件的存放和取出，以及顾客站立、等候和休息等需要的空间位置，设计的时候都要考虑。

（2）营业前台是企业的门面，往往位置突出，所以造型非常考究，高度、宽度等需要根据功能使用来设定，以稳定大方为主，但不乏独特和新意，需要起到加强和美化企业形象的作用。

（3）营业前台因为造型和所处的位置，其使用材料要求经久耐用，要注意耐湿耐脏，一般采用较高档的石材和木材，如木结构镶嵌高级石材或用金属包饰。

（4）营业前台设计还有定制外包的形式，这个不多介绍。至于营业前台的防劫、防盗、防爆，在现金使用减少的情况下，这种功能需求逐渐淡化。

7. 装饰造型与装饰壁画

办公空间中的造型和装饰体现了企业的形象和环境，一般出于两种目的：一种是整体环境的需要；另一种是“遮丑”。一般从整体环境出发，在需要的地方设置专门的壁画、装饰造型、园林小景或艺术品陈设柜；另外，由于建筑结构本身或使用功能而出现的有碍美观的地方，如下水道和排污管道结构的外露，需要进行装饰或遮蔽造型。

2.4 办公空间设计的表达

2.4.1 设计表达形式概述

办公空间的设计需要通过信息化传播来使人明白。设计表达是设计思想的呈现，虽然设计人员的设计思想常常通过口述、文字表述、图纸甚至建模动画等形式进行表达和传递，但最基本的还是具有确定性表达的图纸。设计调研、设计分析报告、平面图、天花吊顶图、立面图、效果图、施工图、设计说明书，以及设计材料、配件样板的图示或说明等，这些都是设计表达的主要内容和形式，也是检验或检查、修正设计想法，向客户和施工者表达和传播设计思想的重要途径。随着信息技术的发展，以及计算机虚拟技术的革新，一些大型项目的办公空间设计还可以通过建模技术、三维动画、人工智能等进行空间表现。

2.4.2 绘制设计图及其注意事项

绘制设计图的目的是完成一个实用的、美观的、独特的、新颖的办公空间设计。然而，设计是一个不断地思考、审视、完善和修正方案的过程，经过构思、草图修改、正稿描绘，以及反复推敲后确定方案。另外，设计方案并非设计者本人作品艺术性和个性的纯粹展现，要与客户进行思想交流，提出设计想法和思考，最终的施工还需要结合实际的建筑空间、工程材料和技术实际，不断地修正和实现设计。对于设计的交流，设计图是不可缺少的。

办公空间设计的过程，首先从平面图的空间思考开始，在思考过程中会顺带构思各个立面的情况。也就是说，整体思考要依据平面图所在整体空间的状况。只有在此基础上，才能绘制各个立面图、天花吊顶面，才能画好空间效果图。效果图的表现可以采用轴测图、一点透视、两点透视、俯瞰图、剖面图或爆炸图等。相对于项目设计而言，根据平面空间也可以直接画出效果图，其目的是赢得项目设计与施工的机会。

绘制效果图需要突出表现对应的重点空间，如门面、门厅、走廊、会议室等，以及普通办公空间、高层管理人员办公空间、前台与LOGO墙等。

1. 设计图的绘制重点

（1）选择的角度和内容。选择表现的空间要明确，要尽量表现有内容、主题的和特点的空间，而不是表现平淡、空洞无物的立面和空间。

（2）材质的表现要细腻，灯光的渲染要优雅，饰物和植物配置要适当，装裱要精细。

（3）门面、门厅、走廊、会议室往往是整个环境较为重要和装饰较多的地方，是表现的重点。效果图的表现要根据实际设计来刻画，适当地突出豪华，体现特色。设计的表现要与企业办公空间的主调和风格等做到一一对应，不能制图是一套，而效果图表现的又是一套。

（4）针对占总设计面积较大的普通办公空间的效果图，各办公空间的风格必须在大部分相同条件下求变化。在统一的风格前提下，需要认真细致地做一两套不同的普通员工的办公空间设计，而且在功能、材料、工艺、视觉效果和造价等方面要慎重和推敲，体现总体设计的思路。

（5）高层管理人员办公空间效果图，在风格上与整体办公空间保持一致的前提下，还要略显不同，如在空间上扩大，或增加午休的小隔间；另外，在装饰品、陈设品等方面要有所增加，总体上要增强整个房间的氛围。

（6）办公空间的表现，要注意空间的尺度和比例、造型和材料、透视和色彩。办公空间设计不必过多增加线条和装饰，以简洁、实际为主，讲究效率和实际。效果图的表现需要增加材料和灯光的表现力，加强植物陈设的点缀，以调节心情、减少疲劳。如果效果图只是在平面图的基础上绘制，则可以留一些表现的余地；如果平面图、立面图和天花吊顶图等都已经绘制，这时的效果图要严格依据这些图纸一一对应地表现出来，不能无依据乱画，避免造成与设计不一致的错觉。

（7）用计算机辅助设计软件绘制效果图，要依据平面图、立面图和天花吊顶图等尺寸、造型和风格来进行绘制，此时的表现完全依据制图进行，拍照的角度和内容要突出主体和重点。

（8）办公空间的效果图往往因装饰少而比较简洁，还是要重视装裱。精心的装裱可以增强客户信心，即使是非常简单内容的效果图，也不要疏忽画面的装裱。

2. 办公空间设计图纸的要求

办公空间的设计图纸作为设计方案的具体化，与装修本无实质性的差别，但表现要精细、规范、准确和整洁，制图要符合设计规范、人体工程学和制图标准。办公空间的设计图纸要重视功能，制图修改会比较多，重复性较大，要注意以下事项。

（1）全方位地考虑各种功能的关系。平立面、立面图、天花吊顶图在这方面都有密切的联系，如天花吊顶的照明和空调通风等与平面工作位置的关系，立面文件柜、插座开关与平面使用的关系等，都要符合准确而具体的使用功能和人体尺度的要求。设计和施工要求准确，各种家具和设施要考虑完备。

（2）注意细节。有些设施因为使用和功能的要求，做出来或摆出来会变得突兀，如伫立在门边、隔间或壁柜等旁边的某个地方，为了美观和使用方便，需要认真地考虑它们所处的空间，进行美化或遮蔽。例如，插座这种设施非常普遍，需要尽量靠近工作台，并与地面有一定的距离，那么就需要考虑窗帘、窗台、门等旋转之后是否影响或遮挡了插座的位置。

（3）对设施进行视觉上的推敲。办公空间中经常有大量或重复性的设施，如间壁、文件柜、桌椅等，在布置它们的时候，需要考虑在视觉和心理上的效果，认真审视造型、材料、尺度和配件。

2.4.3 设计说明书

设计说明书要经过竞标和未定方案阶段和设计实施方案阶段。

竞标和未定方案阶段的设计说明书是给客户看的，要做得比较详细，甚至需要把可行性、构思的来源、图形的出处、世界潮流和未来发展趋势等都一一列举出来，图文并茂地分析和展现，最后形成一本厚厚的装帧精美的册子。这一阶段的设计说明书需要重点突出、简明扼要地将已经落实的项目推荐给客户。如果没有重点，面面俱到，客户就会看不懂这本册子要表达的主题。

设计实施方案阶段的设计说明书是给施工者和客户看的，需要表明设计思想、设计意图、施工过程要注意的事项等，应言简意赅，不必冗长，需要直接表达重点，让人易于理解。

设计说明书要说明的内容有以下 4 点。

（1）设计的思想、构思和图形。目的是让客户、施工者便于理解、沟通与实施，用来表现实施的要素，最后用制图、草图、效果图等形式表现出来。

（2）设计依据。包括建筑、消防、环保等，需要根据设计规范进行编号和形成文件，对客户要重点说明，并用设计回应问题。

（3）在构造上以零点基点为依据展开。以测量中的零点基点作为设计的高度参考，以此展开设计，并根据各种结构和建筑的关系逐步展开。

（4）其他方面。其他不规则构件、突兀部分、管道位置、隐藏部分及隐蔽工程等，需要记录为工程日志，在设计中不能遗漏。

设计说明书的样式很多，最终目的都是说明设计的内容、思想和创意，并通过具体的图纸来指导施工者施工，最后呈现给客户，让多方的交流和沟通变得方便，主要追求重点清楚、表达明白，而不必刻意追求某个最终的版本。

本章训练和作业

1. 作品欣赏

通过办公空间设计经典案例网站，以及《中国建筑装饰装修》《家具与室内装饰》《室内设计与装修》等杂志搜索办公空间设计作品并欣赏。

2. 课题内容

熟悉办公空间中各功能空间的功能特点和要求、办公家具的特点和尺寸要求、办公空间的照明设计、功能空间平面规划、办公空间的地面材料和色彩设计等。

课题时间：16 课时。

教学方式：教师运用图片、视频等资源进行教学，或请学生代表制作 PPT 来分析一下某办公空间设计的功能和特点。

要点提示：办公空间各功能空间的特点；办公家具的特点和尺寸要求；办公空间中的门、窗、前台、消防设施等；办公空间各功能空间在平面上的设计和布置；办公空间中的天花吊顶、地板设计及其材料运用；办公空间的照明和色彩设计。

教学要求：熟悉办公空间各功能空间的特点；熟悉办公空间中家具、门、窗、前台等的材料选用和施工工艺，照明设计，天花吊顶设计，地板设计等。要求用手绘的方式结合办公建筑基址平面图进行平面设计，并作出相应的立面图、天花吊顶及效果图设计，独立做出一套完整的设计方案。

训练目的：能够在设计前列出各办公空间设计功能的不同需要，掌握办公空间功能、设备等方面的整体安排，做好色彩的局部和整体设计。

3. 其他作业

用 1：200 或 1：100 的平面图进行办公空间各功能空间及其草图的设计，表现出家具、功能空间、交通流线、设计风格等。或者，用草图的形式来解析办公空间的功能及设计特点，用图示、标注或轴测图等形式来表现办公空间中各种家具的尺寸。

4. 思考题

给定一幅某公司办公空间建筑基址平面图，进行办公空间设计，要求从公司的性质、LOGO、前台、大厅、员工办公空间、经理办公空间、财务室、休息室或娱乐室、会议室等功能空间进行平面图的总体规划，继而绘制立面图，形成与平面图和立面图对应的天花吊顶造型等。在平面图上标注地板、家具的色彩配置，在立面图上标注材料和色彩搭配，用草图形式来表现。可以用马克笔或彩铅等表现，也可以用计算机辅助设计软件来表现。在总体设计思路上，要注重功能的合理布置、交通流线的合理安排、空间色彩的合理搭配、材料和质感的对比与协调、整体装修风格的确立等。同时，要充分重视与“客户”的交流，尽量用草图的形式进行思考和表现。

第3章 办公空间的功能及其设置

【训练内容和注意事项】

训练内容：了解办公空间各功能空间的设备设施；熟悉办公空间设计中装饰色彩构成和整体环境标识的特点。

注意事项：熟悉办公空间各功能空间及其设置形式对办公空间工作环境的要求。

【训练要求和目标】

训练要求：熟悉办公空间中各功能空间的特点、设备设施的要求、消防要求、家具和人的关系、流通空间的规划分布，以及地面设计、照明设计、色彩设计等整体和局部之间的设计关系。

训练目标：通过对办公空间各功能空间片段的理解，设计具有合理功能的办公空间，绘制功能规划合理的平面图，满足办公空间的功能要求，能表现其内在的品质。

本章引言

设计者需要满足办公空间的功能需求，对办公空间的陈设设计、形象设计进行诠释，从而突出企业特色。办公空间设计还要考虑的一个重要问题，就是如何设置或巧妙地运用必需的设施。

3.1 办公空间中的功能空间设施

对于办公空间中的功能空间设施，可以通过设计造型、材质和色彩来设置，还可以通过增添其他设施来点缀环境，增强企业的形象和品位、满足客户的精神需要。

3.1.1 消防设施

凡是通过验收的高层建筑物，消防设施必然通过了验收，也必然满足了高层建筑物的使用要求。在办公空间设计中，无论暴露式的设计还是遮蔽式的设计，消防管道所采用红色都是不能改变的，而且消防管道位置的变动需要经过设计方的同意，并向相关部门申报报备。然后，开始做方案，再做空间设计。

3.1.2 空调设施

设计空调设施时，如果是中央空调，就需要注意出风口在使用空间中的合理分配，并标注管道、风机和出风口，因为它们也是天花吊顶造型的一部分。

如果没有空调设施，则应请客户先选择空调的方式，并请相关专业的设计师做设计。或者，设计师需要根据未来的情况提出空调方案，但在这方面需要有一定的知识和配置的能力。空调一般分为中央式、分体式和窗式三大类。中央空调有较大的集中制冷主机系统，因传送方式的不同，又分为水冷式和风冷式。水冷式中央空调以水为媒介，通过管道传递冷热能，室内铺设的是水管；风冷式中央空调以风为媒介，铺设的是风管，通常需要一定的空间放置俗称“风机房”的室内机组。至于分体式和窗式空调，工作原理与中央空调基本相同。

无论哪种空调，设计的时候都应该进行两方面的考虑：一是间隔和造型不能影响空调的使用，包括位置、方向和造型；二是空调的设施（如室内风机、分体机组、管道、插座、电线）如何去设置？是外露还是隐蔽？对其都要有设计上的考虑，做到胸有成竹，因为它们是构成整体设计效果的一个重要组成部分。

3.1.3 通信、网络和专用设备

通信和网络需要满足办公空间功能的要求，设计师需要根据不同业务性质的办公空间来设计，了解不同行业先进的工作方式与配置，结合客户的具体要求来布置。设计的过程中可能会出现各种工作台面和隔间，它们的距离可能都要发生改变，空间位置因此需要做特殊处理。随着信息化技术的快速发展，计算机网络系统成为各种办公空间的必备设备，包括打印机、复印机、LED 显示屏、投影播放系统、Wi-Fi 发射装置、中央播音系统等。

3.2 办公空间中人体尺度与环境尺度的关系

设计师充分理解办公空间中男性和女性身体的尺度范围，正确认知尺度和家具的形成，有助于把握办公环境的实用性和舒适性。熟悉人体工程学，办公空间中的家具、交通流线等尺度，办公空间建筑的空间尺度，是设计舒适办公空间的基础。

办公空间设计除了要关注办公建筑空间本身，还要关注办公家具具体的宽度、高度等尺寸问题，以及交通流线的宽度、高度等尺寸问题，这些都反映了人与环境之间的关系。其中，涉及人与办公空间中家具、交通流线和空间等尺度的关系问题，即办公空间中的人体工程学问题。

3.2.1 人体工程学的应用

在研究人、机、环境 3 个要素本身特性的基础上，我们发现人体工程学的显著特点不单纯着眼于个别要素的优良与否，而是将使用“物”的人及其所设计的“物”与人和“物”所共处的环境作为一个系统来研究。在人体工程学中，一般将这个系统称为“人—机—环境”系统（图 3.1），在这个系统中，人、机、环境 3 个要素之间相互作用、相互依存的关系决定了系统的总体性能。人机系统的设计理论就是科学地利用 3 个要素之间的有机联系来寻求系统的最佳参数。

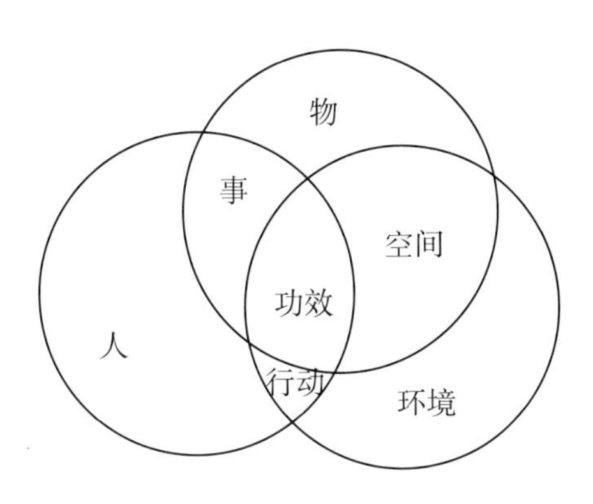

图 3.1 “人—机—环境”系统图

系统设计的方法就是在明确系统的总体要求前提下，着重分析和研究人、机、环境 3 个要素对系统总体性能的影响，如系统中人和机的职能如何分配、如何配合、环境如何适应人、人和机对环境有何影响等问题。经过不断修正和完善的三要素的结构方式，最终可确保系统最优组合方案的实现。人体工程学为工业设计开拓了新的思路，并提供了独特的设计方法和有关的理论依据。

设计优良的产品作为一个全系统的局部，一般包括我们这个商品社会中的全部信息。一件设计优良的产品，必然是人、环境、经济、技术、文化等因素巧妙地融合与平衡的结果。人体工程学，应用了人体测量学、人体力学、劳动生理学、劳动心理学等学科的研究方法，对人体结构特征和机能特征进行研究，提供人体各部分的尺寸、重量、体表面积、比重、重心及人体各部分在活动时的相互关系与可及范围等人体结构特征的参数；提供了人体各部分的触及范围，以及动作时的习惯等人体机能特征参数；分析了人的视觉、听觉、触觉及肤觉等感觉器官的机能特性，以及人在各种劳动时的生理变化、能量消耗、疲劳机理及对各种劳动负荷的适应能力；探讨了人在工作中影响心理状态的因素，以及心理因素对工作效率的影响等。

人体工程学应用于室内设计时，以人为主体，运用人体计测、生理心理计测等手段和方法，研究人体结构的功能、心理、力学等方面与室内环境之间的关系，以适合人的身心活动的要求，并取得最佳的使用效能，其目标是安全、健康、舒适和高效能。

人体工程学中对人的因素研究最多，不仅包括身体尺度的探究，而且包括心理因素的

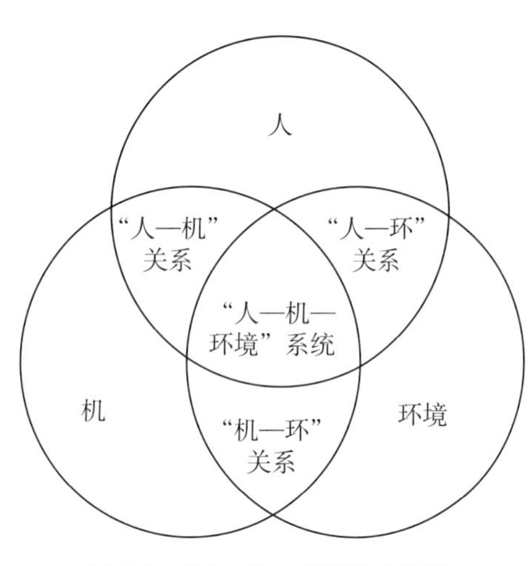

图 3.2 "人、物、环境"关系图

研究，更重要的是将这些人的因素放到"物""环境"这个系统中进行思考（图 3.2）。人与物构成"事"，满足人们活动功能的需求；物与环境形成空间；人与空间构成活动平台。三者之间是相互影响、交融的关系，其核心是提高功效。诸如节省空间能源、操作方便安全，这些都是功效提升的表现。

3.2.2 人体尺度的标准

国家标准《中国成年人人体尺寸》（修订计划号 20200842-T-469）为我们进行人体尺度设计提供了参考。这套标准的数据具有以下特点：一是参数均为裸体测量的结果，使用时需要考虑着装后的变化；二是测量姿态端正；三是地域差异较大。这些数据并不能直接使用，还需要通过人、机、环境的模型试验来确定最终设计的尺寸。对这些数据进行总结，在 18 ～ 65 岁的成年人中，男性的数据为：身高在 1543 ～ 1814mm；体重在 44 ～ 83kg；上臂长 279 ～ 349mm；前臂长 206 ～ 268mm；大腿长 413 ～ 523mm；小腿长 324 ～ 419mm。同样，女性在 18 ～ 55 岁的数据为：身高在 1449 ～ 1697mm；体重在 39 ～ 74kg；上臂长 252 ～ 319mm；前臂长 185 ～ 242mm；大腿长 387 ～ 494mm；小腿长 300 ～ 390mm。这样一些经过测量的百分位在 1 ～ 99 的区间数据，为人站立、坐姿时的身体的基本尺度示意，如图 3.3 所示。

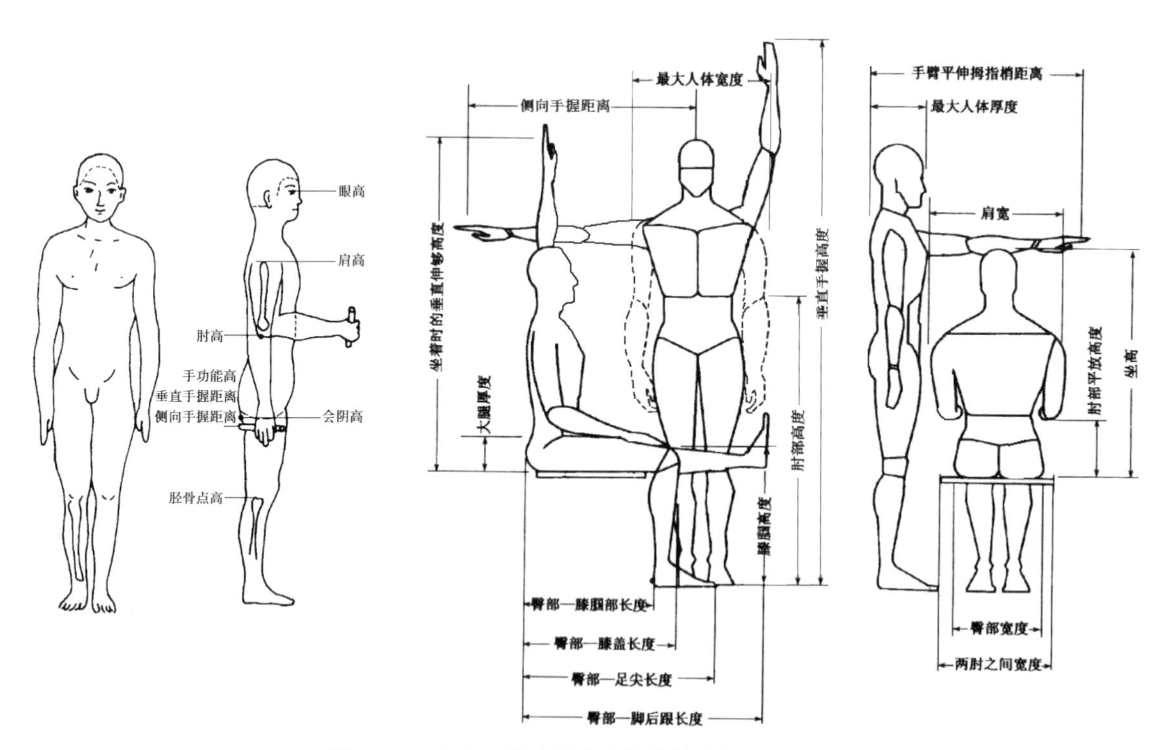

图 3.3 人站立、坐姿时的身体的基本尺度示意

3.2.3 人体尺度、家具尺度与办公空间的关系

在办公空间设计中，可以以人的视角洞悉各功能家具的设置、不同办公空间功能使用的差别，考察功能使用、交通流线等，以及家具之间的长度和距离，小空间与小空间、小空间与大空间之间的距离和尺度的关系。以下是相关的各种示意或示例，仅供参考，单位均为“mm”，如图 3.4 ～图 3.23 所示。

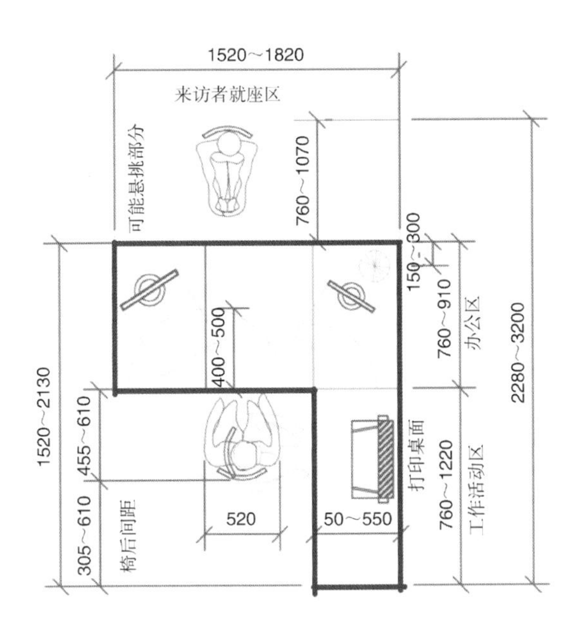

图 3.4　L 形领导办公桌尺寸与布局形式示意

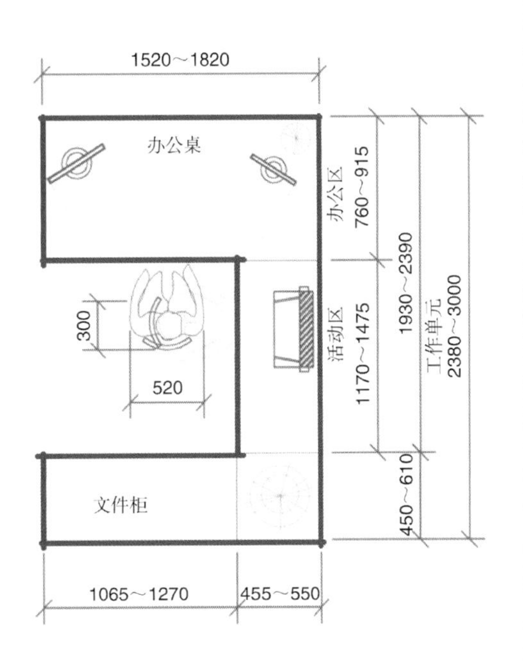

图 3.5　U 形领导办公桌尺寸与布局形式示意

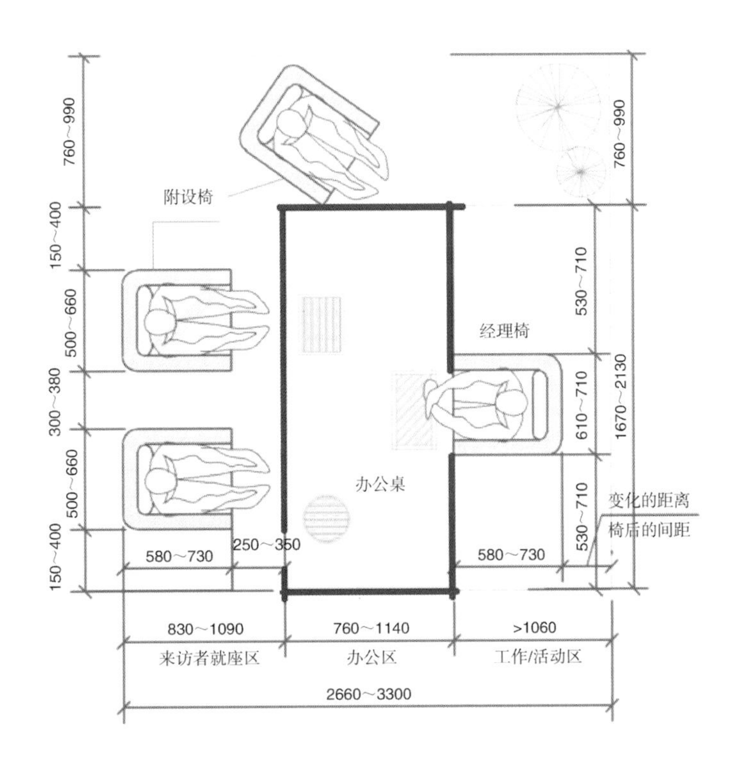

图 3.6　经理办公与来访者就座空间尺寸示意

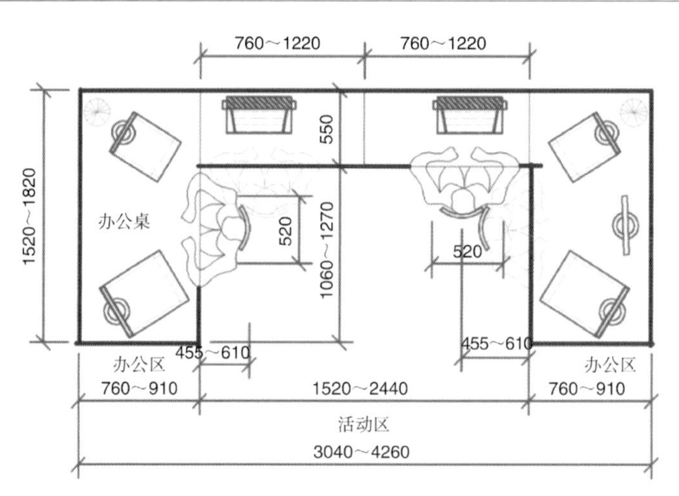

图 3.7　相邻 L 形或称 U 形办公空间尺寸示意

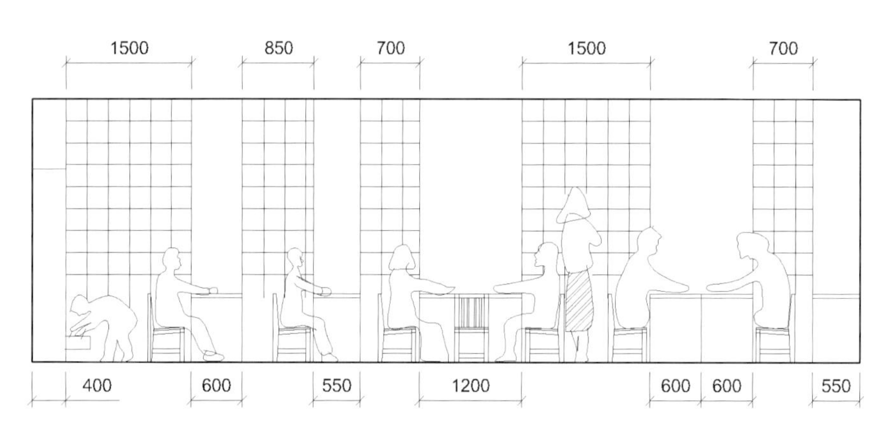

图 3.8　办公家具和人体尺寸示意

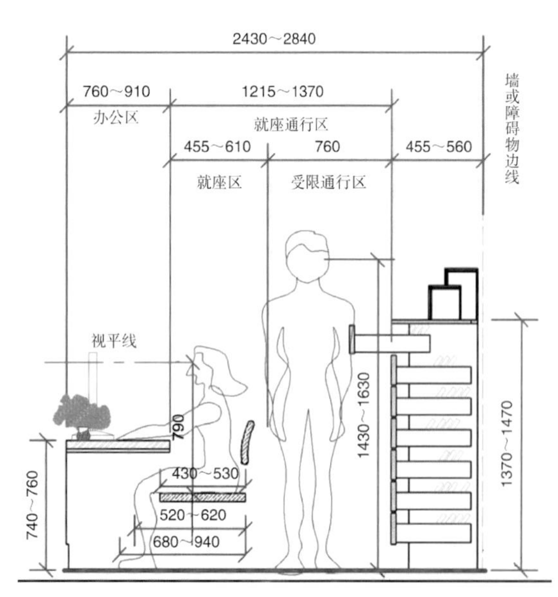

图 3.9　办公桌与文件柜之间通道空间尺寸示意

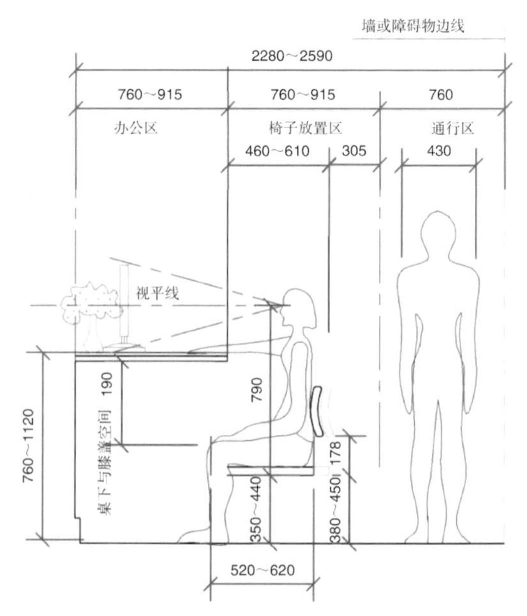

图 3.10　可通行办公空间尺寸示意

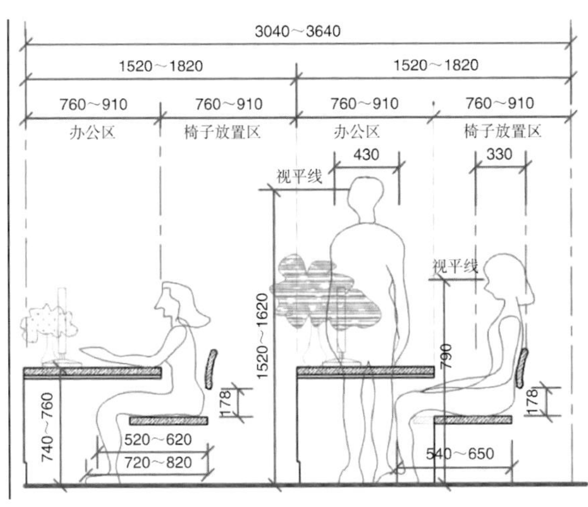

图 3.11　相邻办公空间并排空间尺寸示意

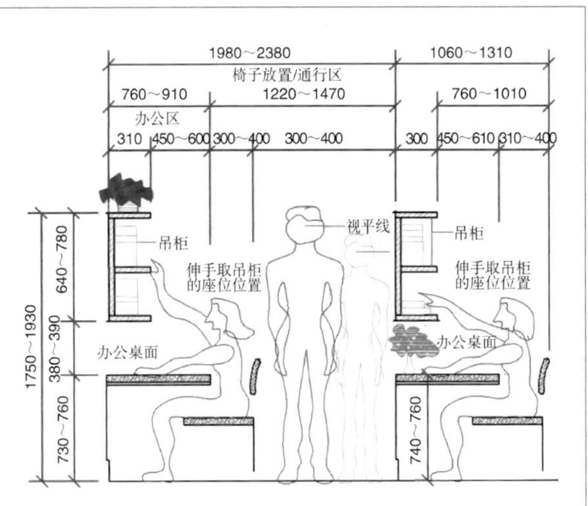

图 3.12　有吊柜的相邻办公空间并排空间尺寸示意

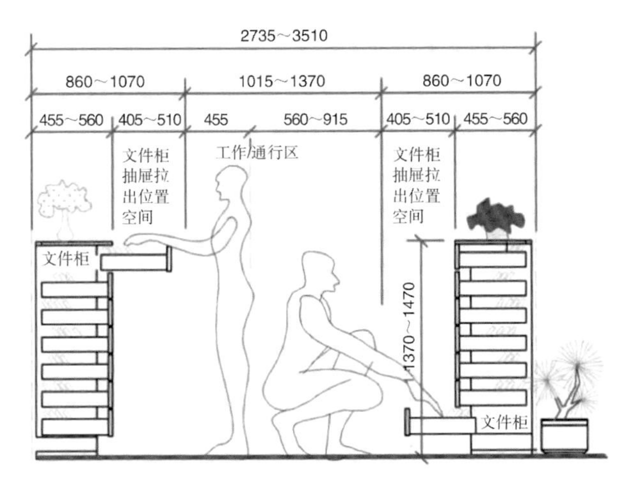

图 3.13　相邻文件柜之间空间尺寸示意

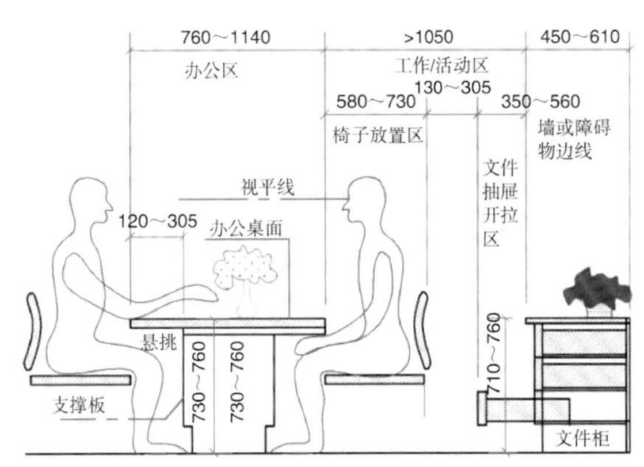

图 3.14　办公交流空间尺度示意

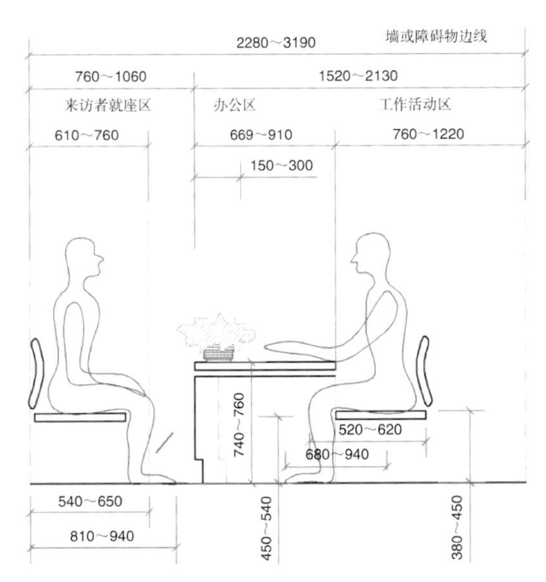

图 3.15　经理与来访者交流空间尺寸示意

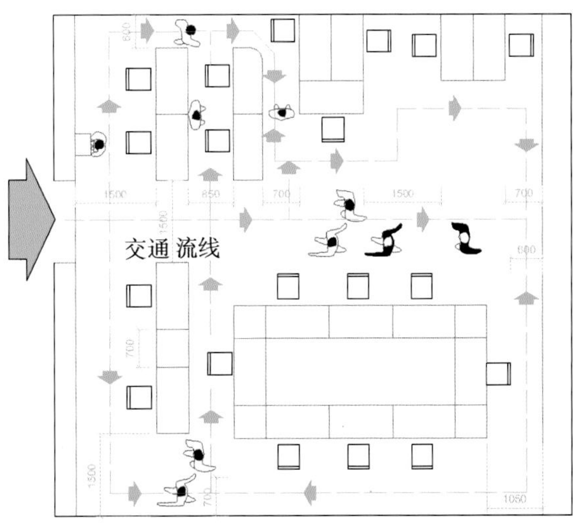

图 3.16　家具布置和交通流线尺寸示意

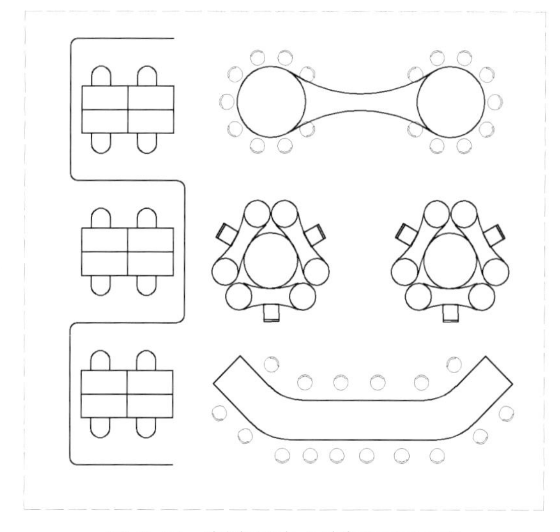

图 3.17　创意型办公空间布局示意

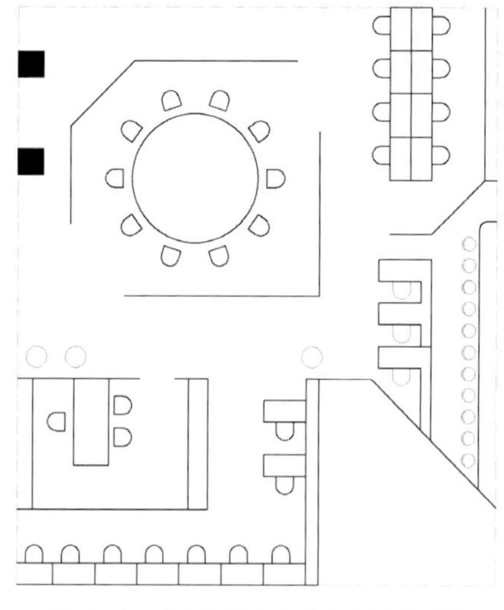

图 3.18　混合型办公空间布局示意

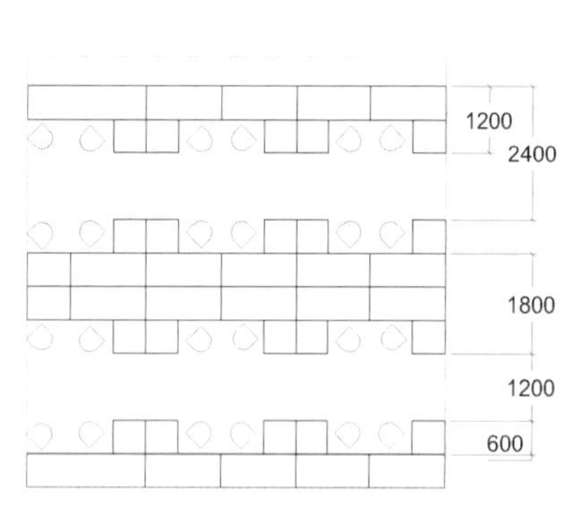

图 3.19　背靠背式办公空间布局示例

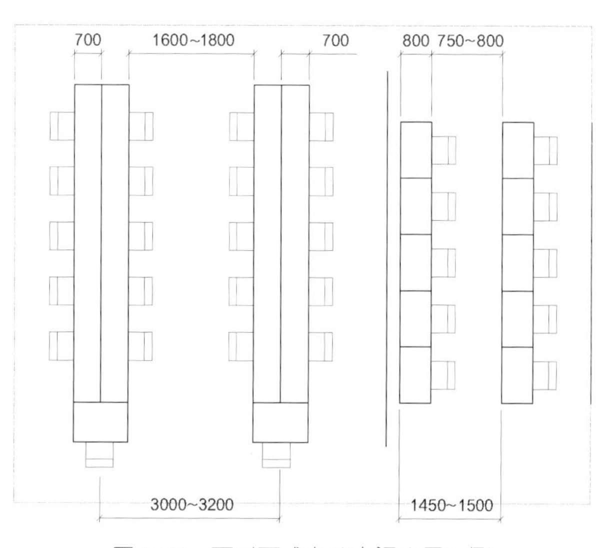

图 3.20　面对面式办公空间布局示例

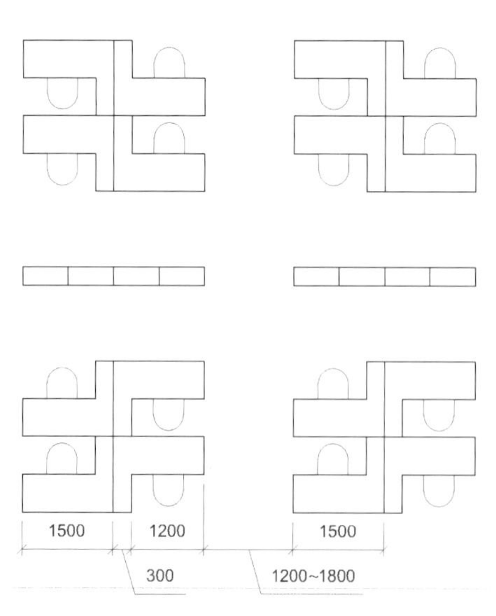

图 3.21　分隔式办公空间布局示例

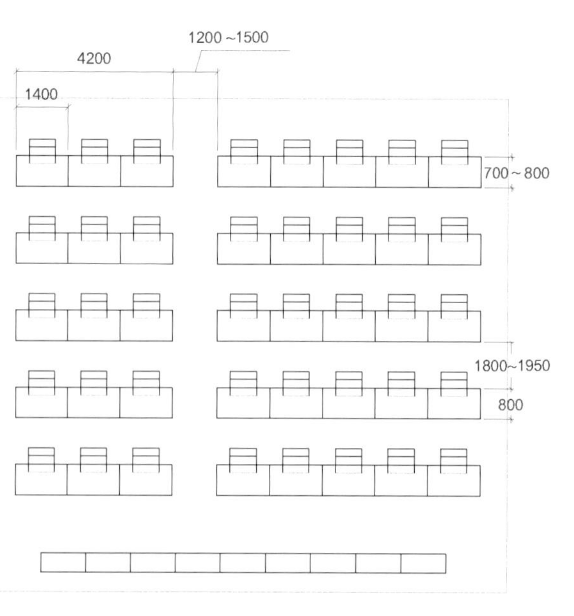

图 3.22　并列式办公空间布局示例

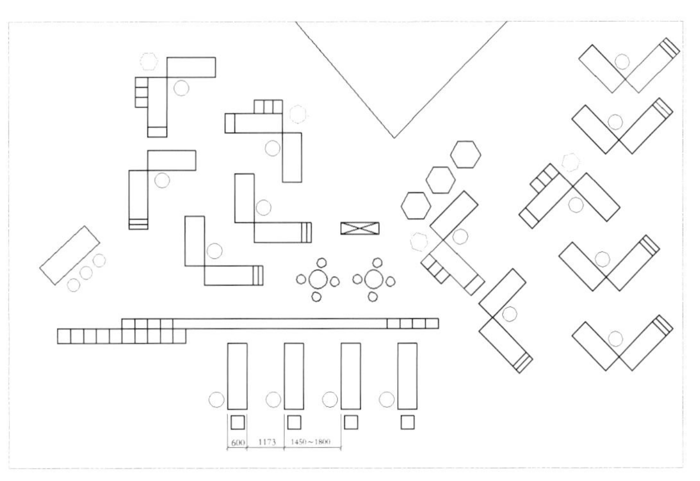

图 3.23 自由与混合式办公空间布局示例

3.2.4 坐具设计合理化与提高空间利用率

在办公空间设计中，解决好“坐”的问题至关重要。坐重在功能，舒适是唯一的标准，坐的设计需要兼顾并满足设计的各种样式。如果坐具在功能使用上不合理，客户就会产生腰椎、颈椎、坐骨神经等方面的损伤；如果坐高与桌面的距离不合理，也会导致客户肩胛骨产生劳损。总之，一些与人体结构不符合的坐具设计，可能会引发许多健康问题。

为了使狭小的办公空间不显得拥挤，需要针对办公空间活动做专门的研究。办公空间包括近身作业空间、个体作业场所、总体作业场所 3 个方面，如果将复杂的办公空间活动进行拆分，首先，需要研究员工在办公桌前的近身活动所需要的空间；其次，进行坐、站、行走、转身等个体活动所需要空间的研究；最后，对不同人员所需空间进行叠加研究，这样可以明确最小办公空间的空间形态。

对办公空间中的“人、物、环境”的研究，体现了设计时空间利用的效率。

（1）重视办公空间的收纳功能。办公空间中影响空间利用率的重要因素是超预期的物品储放的问题。对于文件纸张物品，最好用专门的档案室、库房或文件柜来陈放，每年需要定期归档或清理；对于私人物品，如外套、公司福利等，也可以使用柜子等进行收纳，以增强空间的整洁度，减少空间的拥挤。

（2）利用人的心理习惯营造合适的空间感。人们对空间的天生感受，来源于人作为动物的“领地”意识。人们在亲密距离、个人距离、社会距离、公众距离等方面会保持不同的空间距离，办公空间设计可以根据这些特点，营造凭依的空间、靠山的感觉、安全的心理，以及便于交流的社会空间。

（3）办公方式的创新能很好地解决空间的利用问题。为了提高空间利用率，很多办公空间设计都向室内垂直空间方向发展，如摞放、上墙等，虽然在形式上充分利用了竖向空间，但是很难避免视觉上的拥堵。因此，办公空间设计需要考虑视觉和心理上的特点，不仅仅是简单地节省空间，更要考虑空间的摆放方式、大小的变化和存在的情况。

3.2.5 办公空间环境营造

人们对环境的评价和认识主要来源于自身的感知。感知分为感觉和知觉，而知觉又具有整体性、选择性、理解性、恒常性、错觉等特点。许多办公空间都利用人们对感知的特点进行设计和营造。譬如说，由于感知具有选择性，如果一处整洁的空间中堆放了杂乱的物品，人们会觉得很乱，不舒服；但如果在杂乱的空间中有一处整齐的局部，显得非常突出，杂乱的空间里总还有条理的场景，这样会使人感到欣慰。可见，人们在整理复杂信息的时候，会有选择性地抓重点，设计也可以创造视觉的重点，设计产生的环境能引导观众产生视觉的判断。设计如果得当，就可以帮助观众忽略一些不舒服的环境信息。无论怎样，设计师首先要了解办公室员工的想法，因为设计的目的是为消费者或员工提供服务。

1. 环境与心理

（1）温度和湿度对人的影响。观众感知环境的影响，除了通过看得见的空间形象，还可以通过物理的潜移默化的作用加以影响。舒适的环境表现为温度、湿度、气流（风）构成合意的结果，通常人们在温度 21℃、相对湿度 50%、风速 1m/s 的环境下体感最为舒适。办公环境与体力活动舒适温度的形成，不能只依靠人工设备，还可以通过生态环境的营造来调整温度和湿度，如在建筑空间设计和室内设计中，通过植物的呼吸、水景来调整湿度和温度；通过阳光照射、风向、建筑的坐落朝向等来控制温度和室内的气流。营造好的办公空间的物理环境，是改造舒心环境的一种方式。

（2）视觉形式对人的影响。形式设计的营造是办公空间设计使员工感觉舒适的重要途径之一。人通过“感觉—知觉—记忆—想象—思维—情绪”这一心理过程，以及视觉形式的形象感觉，产生记忆、想象、思维环节，进入“好”的心理认同，产生“好”的情绪；相反，也会因为不好的形式设计产生负面影响，从而影响工作。视觉形式对人心理的影响有这样几种：一是灰暗的办公空间会引发“颓废”“灰败”“尘土”“消极”的负面联想，当员工身处其中，容易引发“糟糕”“颓废”的悲观情绪；二是在明亮的办公环境会让人潜意识地进行“阳光”“灿烂”“整洁”“积极”的联想，从而触发“愉悦”的潜意识的情绪。可见，具体的空间形式可以产生暗示。例如，天花吊顶上“行云流水”的曲线造型，可以让人联想到“祥云”“流水”或“如意”，进而潜意识地产生“气运亨通”的“乐观”情绪；直角、方角的空间及物体造型则会使人联想到“规矩”，多半产生“严谨”“局促”的潜意识情绪。

2. 压力与创造

工作有压力时，很多员工都会进行自我调节，但在工作中发挥创造力却不是一件容易的事情。如果仅仅将压力或者创造力归结为员工个人原因，不免有失偏颇，因为压力和创造力常常与人们所处的工作环境有关，也与企业的激励机制有关，更与办公室空间设计的形式有直接关系。

在办公空间设计中，设计师会很自然地考虑办公空间的功能、装饰风格的形式、视觉的效果和造价成本等，但容易忽视办公空间的整体色彩效果、环境效果，尤其是对员工个人心理健康的影响。办公室朝九晚五的生活常常会消磨一个人的新鲜感、精力和理想，甚至会使人产生厌恶感。如果员工一天三分之一的时间都耗费在一种“僵硬”造型的冰凉的糟糕环境中，难免感到沮丧。当员工遇到困难的时候，什么样的环境有利于员工克服困境？什么样的环境有利于员工自然地交流？什么样的设计有助于员工产生强烈的归属感？什么样的环境设计有助于员工从逆境中奋起？这些都是设计师需要思考的问题。

因此，办公空间设计需要站在员工的角度来思考其心理上的感受，知其所求，解其困厄。例如，“富于人情味”的办公空间设计，可以增加“茶歇区”“餐饮空间”，增加“按摩椅”“健身房”和“对外开放”的办公空间，有员工“午休”的休息室，甚至还有体育娱乐设施的活动区等，通过增加“阳光”“植物”“格言”等增强员工的“归属感”。

3. 视觉形式感觉空间的创造

如图 3.24 所示的办公空间，是一种可以进行圆桌交流的办公空间形式，立柱故意保留水泥面素色的粗糙纹理，可转动的座椅靠背采用鲜艳的橙色，周围大面积的素净灰色中增添了几分鲜活的色彩，打破了办公环境的沉寂。

如图 3.25 所示的办公空间，是一种可以阅读和小憩的办公空间形式，地面、天花吊顶、墙面采用素净的杉木板，茶几下铺的是色彩绚丽斑斓的条纹地毯，增添了几分生活情趣，“告别”了“冷清”的办公环境。而且，墙面是参差变化的白色净面菱形浮雕装饰，与背景的木本纹理形成对比，凸显主题装饰之所在。

图 3.24　可以进行圆桌交流的办公空间

图 3.25　可以阅读与小憩的办公空间

如图 3.26 所示的办公空间，是一种带有吧台的办公空间形式，员工在工作之余可以进行随意与轻松的交流。立面和地面是暖黄色的木板原色的自然色彩，天花吊顶是网格状的格栅结构，平整光滑的地板与格栅肌理，以及木本色彩、天花黑色底色与白色格栅之间，形成了有彩色与无彩色的对比。

如图 3.27 所示的办公空间，是一种带有落地大玻璃窗和植物的对外开放的办公空间形式，底层空间高大，巨大的落地窗充分收纳外面的景观。摆放紫色高雅的座椅、黑色的圆筒灯罩，

图 3.26　带有吧台的办公空间

图 3.27　开放对外的办公空间

其间点缀绿植，还有醒目的白色地板和白色立柱，并用白色的塑料格栅灯的灰冷进行过渡，形成了一种深色调、灰色调与亮色调鲜活的对比。

如图 3.28 所示，这种带有长条桌的办公空间设计，地面铺装发生折线变化，对与座椅、灯具相呼应的黄蓝进行明快的处理，然后地板上斜伸一抹浅蓝色彩地板块，上面穿越一条白色的矩形长条桌，整体基调是在大面积的白色色调基础上，有色彩的变化、节奏和韵律的安排，平添一丝精神的跃动。

如图 3.29 所示，这种面朝户外景观的办公空间设计，有一面整体落地长窗，面向长窗的是一排独立的紫红靠背椅，底座深蓝。在整体上，地板、墙面等采用稳重的白色色彩，天花吊顶采用暴露管道的工业风风格，地板采用光滑亮白的大理石面装修，形成明快愉悦的基调。中间是白色条纹大理石台面，上面装有自动咖啡饮具。里面长条沙发围合成后面的洽谈空间，空间的立面采用紫红色饰面，包厢家具背靠为紫红与蓝色的条纹间隔，座面是深蓝背景。这种紫红、深蓝、灰色的色彩布置，摆脱了大片白色的“冷清”，也摆脱了完全裸露天花结构的毛糙，使得具有日照和提供饮料自助的办公空间产生了亲和随意的氛围。

图 3.28　带有长条桌的办公空间

图 3.29　面朝户外景观的办公空间

如图 3.30 所示，这种带有餐饮功能的办公空间设计，地板上的蜂巢图案富有装饰性，餐饮操作台采用整体的白色、洁净的花岗岩铺装，柜面等大部分也采用白色防火板整体铺装。工作台为白色大理石饰面，天花吊顶统一悬挂一黑色的透光玻璃罩，发出漫反射的乳白色灯光。尽管有人认为天花吊顶若为黑色，会有压抑感，但是整体集中在台面的上面，可形成强烈的聚光模式，让立面尽显精彩。

如图 3.31 所示，这种带有绿色景观的办公空间设计，户外有绿色的长方形水池，有跨越水池的水泥混凝土预制桥，还有绿色的草坪、低矮的绿篱和直立的乔木，形成较为立体和丰满的生态绿化系统。正对办公楼玻璃窗的是一排浓密高大茂盛的芭蕉林，尽管后面有沉重的建筑立面，但那堵浓密的绿荫化解了水泥后墙的生硬。办公楼一楼层高非常高，加上高大厚重的玻璃，以及二楼上面橙色的格栅装饰，减弱了阳光直射，形成一层柔和过渡的空间。绿色景观透过玻璃，可以减缓办公人员的工作压力，使其舒缓心情。

如图 3.32 所示，这种底层架空四面开窗的办公空间设计，大堂前厅设置为两层楼的空间，有一个带有落地玻璃的隔扇，阳光可以透射进办公空间，户外草木葱郁，空间层次多变，室内外空间渐次融合，富有变化情调。

图 3.30　带有餐饮功能的办公空间

图 3.31　带有绿色景观的办公空间

图 3.32　底层架空四面开窗的办公空间

如图 3.33 所示，这种带有午休功能的办公空间设计，设计有小憩的空间，刻意留存并装扮成带有一个毛坯痕迹散乱空洞的大门，具有一种诙谐和自由放松的情调，可以缓解紧张的压力。

如图 3.34 所示，这种带有攀岩训练设施的办公空间设计，另辟一层或者部分跃层空间，场景布置增添了一些野外的感觉，淡化了办公空间紧张劳累的气氛。

图 3.33　带有午休功能的办公空间

图 3.34　带有攀岩训练设施的办公空间

3.3 办公空间的功能分区

办公空间是一个系统工程，要考虑多方面的使用问题，保证各功能空间的正常使用，满足不同员工的使用需求，保证合理的分区和规划。因此，办公空间各功能空间的区域设计需要细心分析、用心设计，综合考虑空间的不同大小、色彩、材料、绿化和陈设的差异化等，形成办公空间不同的功能诉求。

3.3.1 主体办公空间

主体办公空间是办公空间的一个重要分类，是维持和形成一家企业办公运转的办公空间的总和，包括员工区、主管办公室和高层管理人员办公室。不同企业根据工作范畴可以分为主管、市场、人事、财务、业务和数字信息网络服务等不同部门，办公空间设计的平面布局需要充分考虑客户所在的部门种类，以及部门之间的协作关系。

1. 员工区

员工区通常是一个开放式的办公区（图 3.35），员工工作的空间不用隔断，或用办公桌柜等进行分隔。对员工区不同功能的单元空间要进行总体安排。开放式的办公区也有职位和等级的不同，需要根据不同级别，进行不同标准的设计和空间安排。管理人员和普通员工谈话有临时性的洽谈空间，对外还有接待区、工作的资料区或者打印区等。

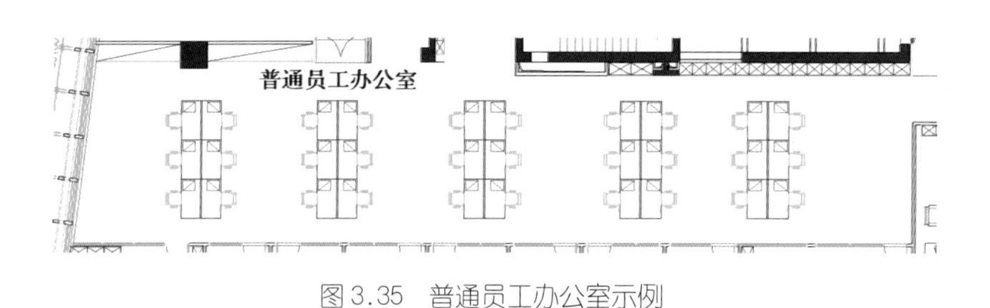

图 3.35　普通员工办公室示例

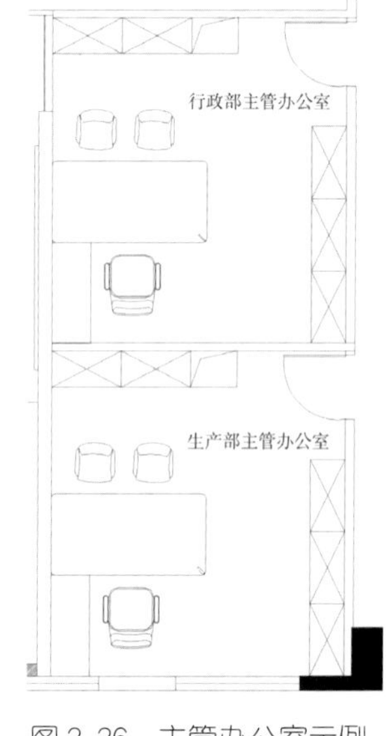

图 3.36　主管办公室示例

2. 主管办公室

为了方便管理，主管办公室（图 3.36）一般紧邻所管辖的部门。它也是与高层管理人员连接的纽带，因此需要考虑设成单独的办公空间，用矮柜或玻璃隔成相对独立的空间。主管办公室需要设置接待谈话的座椅，条件允许可以增加沙发、茶几等设备。

3. 高层管理人员办公室

高层管理人员办公室（图 3.37、图 3.38）一般是供企业、机构或单位高层管理人员使用的办公室，需要保持一定的私密性和身份的尊重性，一般选择方便工作、管理、采光通风好的位置和空间，相对来说，要独立与闭合。高层管理人员办公空间的设施包括座椅、接待空间、文件柜、衣帽柜等。另外，办公桌前设置接待来访者的椅子，增加装饰背景用的书柜或陈设柜，以强化文化气息和提高品位。有的机构和单位，高层管理人员办公空间设置为套间的形式，包括沙发茶几组、办公区、文秘服务区、接待区、休息空间，甚至还设置单独的卧室和卫生间。这些都取决于客户和空间的条件。

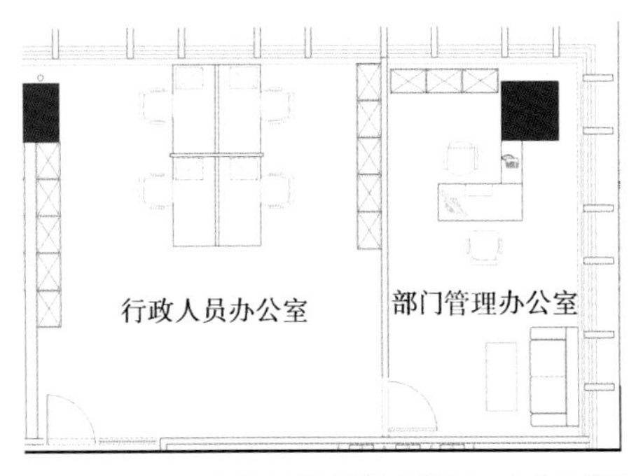

图 3.37 行政人员和部门经理办公室示例

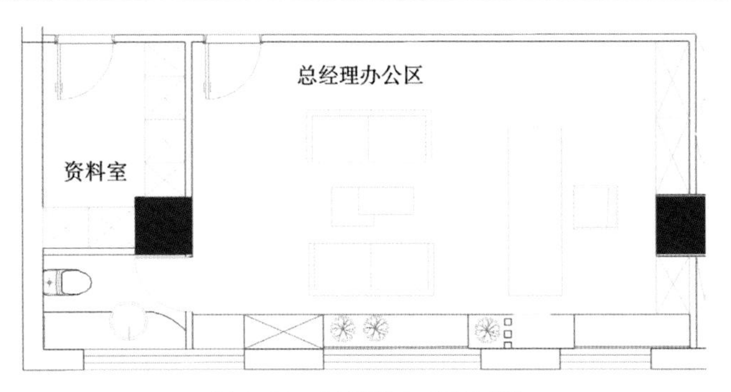

图 3.38 总经理办公室示例

3.3.2 公共用房

在办公空间中，公共用房常常包括前厅、接待厅（室）、展示区、会议室等，这些空间是企业或机构对外展示的一个窗口。

1. 前厅

前厅（图 3.39 左）在视觉的交通流线上，是给来访者第一印象的地方，也是展示企业形象的地方，装修较为高级，使用的材料、照明、色彩等比较独特与新颖。前厅的基本组成有背景墙、服务台、等候区或接待区等。背景墙上文字图形和色彩体现机构的名称和文化。服务台设置在入口最醒目的地方，以便为来访者提供引导、交流；同时，具有提供咨询、信息交流、文件转发、联络内外工作区的作用。前厅如果面积过大，会造成经济上的浪费；前厅如果面积太小，会显得格局不大，影响企业形象。前厅品位的调节，可以通过恰当的绿化和装饰的陈列进行设计安排。

2. 接待厅（室）

接待厅（室）（图 3.39 右）是供来访者洽谈、观赏的地方，往往是产品展示和宣传的空间，装修需要有特色，面积适当，不宜过大。在接待厅（室）可以设置几组沙发和茶几，或者设置会议室式的座椅，也可以设置媒体信息播放设施，或者同时设置陈列的展柜、展台等，形成一个综合性的空间。

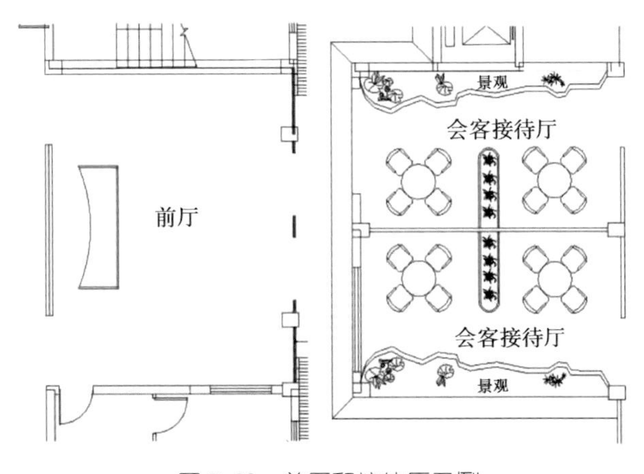

图 3.39 前厅和接待厅示例

3. 展示区

展示区（图 3.40 左）就是对外展示产品、宣传企业、增强企业凝聚力的空间。在总体的办公空间平面上，展示区可以安排在一个恰当的交通流线上，以便来访者参观。展示区的空间可以是独立的，也可以用会议室、公共走廊、接待厅（室）来兼顾，或者用员工工作区的剩余墙面或空间来作为展示的空间。

4. 会议室

会议室（图 3.40 右）是用来议事、协商的空间，为管理者提供安排工作和与员工讨论激发思维创意的场所，还可以作为会客和培训的空间。会议室常常配备多媒体设备、会议桌椅，可以根据会议的级别、形式来布置座位的形式。会议室的面积要根据平均出席的人数和规模来设计，还要充分考虑空间形态、装饰材料和室内的声学效果。

图 3.40　展示区和会议室示例

会议室分为小型会议室、中型会议室、大型会议室。有会议桌的会议室人均额定面积为 $1.8m^2$，没有会议桌的会议室人均额定面积为 $0.8m^2$。会议室具有双向功能，对外宣传企业和与客户沟通交流，对内召开会议等。有的会议室还具备宴会厅、报告厅的功能，设置了视频会议系统、多媒体系统、储藏柜、遮光窗帘、灯光分路控制和可调节系统等。

3.3.3　服务和设备用房

服务于办公空间的设备用房是满足信息、资料的收集、整理、存放需求的空间，为员工提供生活、卫生服务和后勤管理的空间。

1. 服务用房

服务用房包括图书馆、资料室、打印室（图 3.41）等。这样的空间尽量放在不太重要的空间和角落，对应的家具要符合存放的资料和图书的大小尺寸，做到防火、防潮、防尘、防蛀、防紫外线的需要，地面无尘或少尘。

2. 后勤区用房

后勤区用房包括咖啡厅、餐厅、厨房、娱乐室和健身房等，也是办公空间又一辅助性的服务用房，目的在于给员工提供一个短暂交流、休息和休闲的场所。这些场所在环境和设施上要做到卫生、健康、隔音和高效，室内墙面、地面和工作台面要易于清洁和保养。

3. 卫生间和茶水间

卫生间经常作为建筑空间的一个配套设施，也有的是作为整栋写字楼的配套设施，或者物业公司的外包设施。卫生间需要一个明亮、干净、清洁和舒适的空间，盥洗和如厕分离。卫生间的设置不要直接暴露，可以设置遮挡和阻隔，对于高层管理人员可以设置单独的卫生间。卫生间距离办公的地方一般不超过 50m，避免内急尴尬。卫生间的空间应置于建筑不重要的空间位置，或在建筑朝向较差的那一面。茶水间（图 3.42、图 3.43 左下）也是作为办公空间的附属而存在的，有时因为环境和设施的改变，也会作为用水设施而出现，而不是作为开水间出现。

4. 其他设施

为了支撑办公系统的正常运转，企业或机构通常会设置配电房、监控室、中央控制室、水泵房、空调机房（图 3.43 右）、锅炉房等设施，并根据设施的大小、规模、功能和安置位置的不同来设置。从安全方面来讲，一般大型的和危险系数高的设施应远离办公的地方。

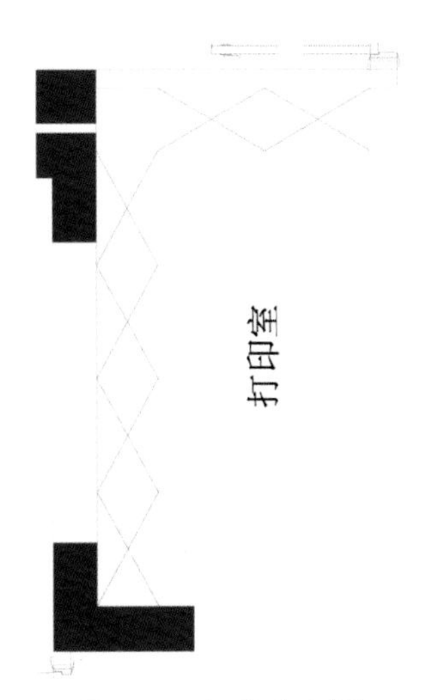

图 3.41　打印室示例

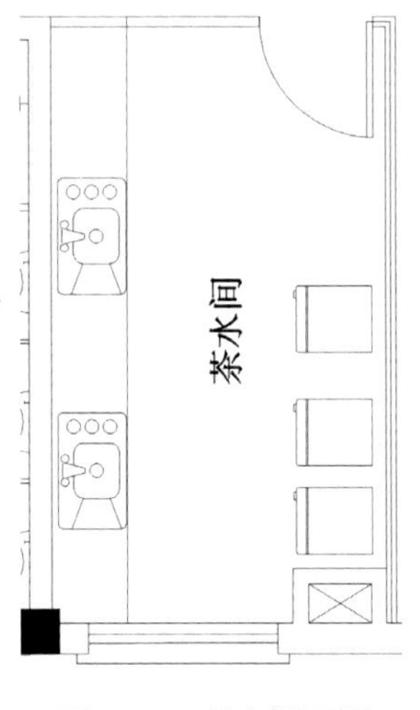

图 3.42　茶水间示例

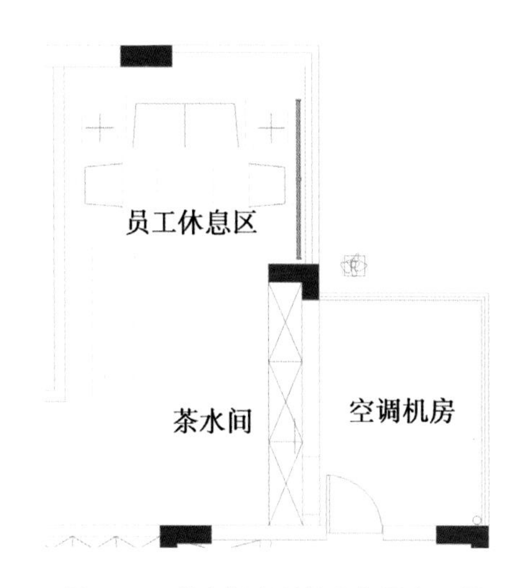

图 3.43　茶水间和其他设施用房示例

3.4　办公空间的家具设计

3.4.1　办公家具的设计原则

办公家具是为了满足现代办公空间的需要，其设计应坚持下列原则。

1. 实用性

实用性是办公家具设计的首要条件。办公家具必须满足自身的直接用途，满足客户的特定需求。如果办公家具不能满足基本的物质功能需求，给工作和生活创造便利，再好看的外观也没有什么意义。

2. 安全性

安全性是办公家具品质的基本要求。缺乏稳定性和强度的办公家具，使用的后果将是无法估量的。办公家具在形态上的表现也是非常重要的，在材料上要求环保、绿色，无毒、无公害。办公家具在系统设计、使用、利用等方面，应实现资源的优化，减少环境污染。

3. 艺术性

艺术性是人的精神需求，家具的艺术效果通过人的感官产生的一系列生理反应来实现，可以对人的心理产生一定的影响。办公家具的艺术性一般通过家具的造型、材料、装饰色彩等方面来展现，造型要简洁、流畅、端庄优雅，装饰要明朗质朴、美观大方，材料要多样化，色彩要均衡统一、和谐流畅。简而言之，办公家具的设计要符合流行时尚，彰显时代特征。

4. 工艺性

办公家具也要满足工艺性的原则，便于生产和制造。办公家具设计在材料选择和加工工艺上满足下列要求：一是固定家具设计产品的装配机械化和自动化，零部件的可拆卸与可折叠；二是家具设计需要考虑标准化、批量化和工业化生产的特点，符合社会产业分工和机械化、自动化发展的需求；三是手工制作产品应保证产品的稳定性和一致性，体现独特的艺术性和品位；四是家具材料使用的多样化，应使用环保材料，节约能源，降低费用，宜采用现代材料和现代工艺。

5. 系统性

办公家具的系统性体现在 3 个方面：一是配套性；二是体系性；三是灵活性。办公家具设计的配套性体现在家具不单独使用，和其他物件之间具有协调性和互补性，也体现在办公空间中形成的一个整体的综合视觉效果，以及功能上的整体响应。办公家具设计的体系性，表现在新旧家具产品之间有一定的继承关系。标准化的办公家具设计和生产可以体现生产的经济性，但也容易造成设计的重复，因此也需要变通，避免僵化。系统化的设计需要采用标准化零部件与单体构成的有效组合，包括造型和形式上的组合，满足各种需求。当然，这些也是家具设计方面的思考，并非针对某个单独的办公空间家具设计，但对办公家具设计仍然具有普遍性的启示意义。

6. 可持续性

可持续性设计是设计师将生态系统和社会公平作为设计的责任和担当的社会表现。倡导绿色设计，是对人类负责，对地球负责，对子孙后代负责，可以有效保护环境，减少资源消耗。办公家具设计应当遵循“3R”[Reduce（减少）、Reuse（重复使用）、Recycle（循环）] 的原则，以材料为起点进行低碳设计，所使用的材料不能加重自然环境的负担，宜采用低碳、可循环的制作材料。

3.4.2 办公家具的分类

办公空间里有各种类型的家具，下面介绍主要的几种现代办公家具。

1. 服务台

服务台（图 3.44）也称前台，一般位于门厅或大堂，是满足接待功能需要的空间。服务台包括工作台椅、照明、资料存放和取出等设施，可以提供业务指南，甚至设有客户站立、等候和休息的接待空间。服务台是展示公司或企业形象的重要组成部分，要结合造型、材料、灯光照明等综合因素进行设计，体现新颖和创意，以加强和美化企业的形象。

图 3.44 服务台举例

2. 办公桌

办公空间中最重要的家具就是办公桌（图 3.45），它是员工工作的基本平台，所在区域也是员工存放相关物品的空间。办公桌一般按照人体工程学的要求进行设计，根据家具的尺寸和角度，选用不同材料和造型来满足员工的使用需求，以提高工作效率、减少工作疲劳，并协调与其他办公家具之间的关系。

办公桌的形式有独立式，也有组合式。独立式办公桌的尺寸可大可小，一般长宽为 600mm × 950mm，高度在 700 ～ 750mm。至于高层管理人员办公室的办公桌，尺度会偏大，面板材料和造型等也会比较新奇，以显示办公等级的不同。组合式办公家具以基本的办公家具单元为基础，通过组合形成不同的布置和组合形式，根据工作形式形成不同的秩序化风格。但是，无论独立式办公桌还是组合式办公桌，都是供人使用的，都要符合人体工程学的原理。

3. 办公椅

办公椅（图 3.46）常常与办公桌配套使用，其座高、座深、座宽、曲面、靠背的倾角等决定了人坐的时候的舒适感和效率感。办公椅需要满足员工正常的使用需求，也要符合人体工程学的原理，减少员工长期使用后的疲劳感，以提高工作效率。

图 3.45　办公桌举例

图 3.46　办公椅举例

4. 会议桌

会议桌（图 3.47）的造型常常有圆形、矩形，甚至椭圆形、L 形、U 形、S 形等。这些形式也多为会议桌组合和布置形成的形式。一般来说，圆形的会议桌有利于营造一种平等、向心的交流氛围，而矩形的会议桌容易区分与会者不同的等级。会议桌的布置要与文件、资料，以及计算机、多媒体等综合系统结合在一起来考虑。而且，会议桌与办公椅要以一个系统、整体来进行设计和安排，在造型、材料、色彩等方面与办公空间的环境气氛形成呼应、协调统一。

5. 资料柜（架）

资料或物品的存储，尤其是纸质资料的存储，需要用到资料柜（架）（图 3.48）这样的办公家具。这种办公家具既要满足办公空间合理的存储和取放需求，又要节省空间。对于不同的资料或物品，应采用不同尺寸和规格的资料柜（架）。

图 3.47　会议桌举例

图 3.48　资料柜举例

6. 休闲椅、沙发和茶几

在办公空间的前厅、休息区、过道或者过渡区域，可能设有休闲椅（图 3.49）、沙发（图 3.50）和茶几（图 3.51）等。这些办公家具是非正式的，有的具有一定的个性和视觉上的新颖性，在办公空间中能给人带来舒适感，缓解身心的紧张和疲劳。

图 3.49　休闲椅举例

图 3.50　沙发举例

图 3.51　茶几举例

3.4.3　办公家具的布置

办公家具的布置所占的室内面积比一般在 30% ～ 40%，当办公空间的总面积较小时，办公家具所占的室内面积比会增加到 45% ～ 60% 甚至更大。在办公空间中，为了合理安排办公家具，从其使用的单一性和多样性来看，需要区分主要办公家具和辅助性办公家具，满足办公空间的不同功能需求，有效地组织交通流线，以提高工作效率。

办公家具在办公空间中的布置，一般有以下 8 种形式。

（1）四周式。办公家具沿四周墙面来布置，中间位置留出来，这样办公空间相对集中，也相对隔离，容易为其他活动提供较大面积，也方便陈设。

（2）岛式。与四周式相反，办公家具布置在中间位置，或者以立柱为中心进行布置。这种形式强调办公家具所在功能空间的主体性，突出独立性和重要性，也可以减少周边的干扰。

（3）一边式。办公家具布置在室内空间的一侧，另一侧留出来，作为过道或走廊。这种形式将工作区和交通区分开，使得交通流线与门厅位置的直线距离变短，能够有效地节省空间。

（4）通过式。通过式也就是走道式，即将办公家具布置在室内空间的两侧，中间作为过道和交通流线。这种形式容易节省空间，但凡有人通过，都会产生干扰。

（5）对称式。办公家具的布置明显地呈现出均衡的状态，给人以庄重、稳定、肃静的感觉。

（6）自由式。办公家具的布置表现为一种富于变化、不对称的状态，如旋转、分散，给人一种活泼、自由、流动的感觉，非常适合轻松自由的办公场。

（7）集中式。办公家具围绕一个中心展开布置，适合功能比较单一、办公家具种类不多、室内面积较小的办公场合。

（8）分散式。办公家具因为功能的不同，按照空间单元进行分散布置，不分主次，给人一种变化和流动的感觉。这种形式比较常见，但在室内面积变化上有一定的差异，体现出一种多样化风格。

【办公家具在办公空间中的布置】

当然，其中的对称式、自由式、集中式和分散式的办公家具布置是相对而言的，从办公空间总体布局上来看，它们都可以根据一定的空间功能需求进行转换。

3.5 办公空间的绿化设计

3.5.1 植物的美学特性

1. 植物的色彩

植物一般通过叶和花来发挥色彩的装饰作用。很多植物在生长的过程中，花和叶的色彩丰富多变，而且散发香味，能够产生立体的美学特征。不同植物的颜色，能够营造出不同的情感氛围。一般来说，在办公空间摆放的植物有万年青、绿萝、水仙、兰草、文竹、仙人掌、铁海棠等。

2. 植物的大小

植物的株型有大小之分，即使是同种植物也会有株型的大小变化。在办公空间中，植物株型的高度通常控制在 2m 以下。不同株型高度的植物，需要对应地布置在不同高度的空间中，如高大的植物常布置在过厅、走廊等空间，矮小的植物常布置在桌面或柜架上。植物一般用来点缀空间，营造空间氛围，不可能像在室外一样到处布置，一定是焦点性、象征性、实质性地进行布置。

3. 植物的象征性和布置

（1）植物的象征性。植物的象征性是指植物所起到的文化内涵和精神象征的作用。植物不仅能净化空气、调节小气候、降低噪声，而且能提供芳香、绿色和精神性的心理安慰。例如，蝴蝶花的花期比较长，外形有翩翩起舞之感，常用来比喻主人的庄重大方；梅、兰、竹、菊代

表四君子，文人墨客对其情有独钟；牡丹是富贵的象征，常用来装饰室内空间；还有一些绿色植物，绿意浓烈，具有强烈的生命力，给人以希望和鼓舞，如绿萝、龟背竹、芦荟等，在办公空间中广泛种植。

（2）植物的布置。在办公空间中，植物可以点缀局部空间，其花叶形状、色彩可因独特性成为视觉空间的中心。植物在办公空间的布置，可以采用重点装饰和边角点缀的形式进行单独布置。除此之外，还可以结合家具、灯具和其他陈设来布置，使得彼此相得益彰，可以形成有机的整体。植物在办公空间中可以以背景墙的形式出现，以局部小园林的形式出现，以隔断墙的形式出现，或者以垂直的绿化形式出现。

3.5.2　植物在办公空间中的布置

植物的布置除了采用上述形式，还需要结合不同的办公空间来设计。

1. 植物在门厅的布置

门厅是办公空间的出入口，植物在门厅的布置有几种形式：一是门厅的空间如果较大或较开敞，植物的布置可以采用对称布局或用一面墙来做装饰，可以采用从低矮的墙面到高大的墙面等多层次的装饰形式等；二是门厅的空间如果不大，走廊两边可以对称或不对称地布置植物，摆放花叶和植株较小的植物；三是门厅的空间如果较大，可以装饰藤蔓等吊挂植物，以增强门厅空间的层次感。但是，门厅的植物布置不要影响办公空间主题，需要组织和引导空间视觉的流线，保证出入方便。

2. 植物在走廊的布置

走廊是室内交通走道，具有引导空间的作用。大多数走廊不具备充分的光照条件，因此要选择耐阴的小型植物，如兰花、绿萝、虎皮兰、万年青等。植物在走廊的布置可以直线形式，可以形成一面藤蔓缠绕的墙，也可以搭配几种植物进行点缀。（图 3.52）

3. 植物在楼梯的布置

楼梯也是室内交通走道，一般摆放盆栽，如果空间较大，也可以摆放大中型观叶植物盆栽；如果空间狭小，可以设置高脚架来摆放小型的鲜艳盆栽。植物在楼梯的布置，可以布置在楼梯的入口处，可以沿着楼梯扶手从下往上进行布置，也可以以点、线、面甚至立体的形式进行布置，形成生机盎然的空间格局。（图 3.53）

图 3.52　走廊植物布置举例

图 3.53　楼梯植物布置举例

4. 植物在办公室的布置

办公室是各类办公人员工作的地方，应该根据办公室的分类设置植物，总体原则是不给工作带来麻烦，有助于提高办公效率，营造清新的办公环境。因此，对于办公室的植物设置，色彩不必过于华丽，要给人以安静、舒适、轻松的感觉。例如，在墙角或墙根，可以摆放诸如龟背竹、棕竹之类的盆栽植物；在文件柜上，可以摆放藤蔓类植物，如常春藤、绿萝、吊兰；在窗台上，可以摆放铁线蕨、文竹、兰草等植物。在较大的办公室中，可以摆放大型的植物，但不必摆放过多，否则显得杂乱，因为这些植物终究是一种点缀性的装饰。（图 3.54）

5. 植物在会议室的布置

在会议室，一般在中间的会议桌上摆放盆花或插花，或者在主席台后的背景墙上摆放或点缀植物，也可以根据需要在会议室外面布置植物。（图 3.55）

图 3.54　办公室植物布置举例

图 3.55　会议室植物布置举例

（1）大型会议室的植物布置。在大型会议室，会议桌围合成“口”字形，中间留出空间摆放盆花，摆放成一定的图案或进行自然排列；也可以用大型花艺作品进行布置，以活跃氛围，缩小与会人员之间的距离，以使彼此产生亲近自然之感。大型会议室中植物布置的重点一般是主席台，人们常常将主席台布置得花团锦簇，多用绿色做背景来陪衬，可以营造热烈的会场氛围。

（2）中型会议室的植物布置。在中型会议室，会议桌多为椭圆形或长方形，桌子的中间留有椭圆形或长方形的凹槽，可以摆放植物盆栽。盆栽的摆放一般采用对称的形式，高度不超过桌面 10cm，以避免遮挡视线，常用的植物有南洋杉、棕竹、苏铁、蒲葵、鹅掌楸、万年青等。

（3）小型会议室的植物布置。在小型会议室，会议桌多为椭圆形并围合排成一圈，中间也留有椭圆形或长方形的凹槽，可以摆放盆栽植物。在小型会议室，相对而言，与会人员彼此之间的距离较近，因此多采用小型盆栽植物。

3.6　办公空间的陈设设计

3.6.1　办公空间的陈设类型

陈设就是摆设、装饰，也称为软装饰，可以理解为摆设品、装饰品，也可以理解为物品的陈列、摆设布置和装饰。办公空间陈设品的选择和布置，需要适合不同的办公空间需求。办公空间的陈设品主要起到装饰、衬托、点亮空间的作用。根据陈设品在办公空间中布置的不同位置，可以将其归纳为以下几种类型。

1. 墙面陈设

墙面陈设以平面艺术品陈设为主，一般选用书法、国画、油画、摄影作品、挂毯等，或者小型的立体装饰品，如壁灯、浮雕等。还有的墙面陈设在壁龛里面，陈列有立体的装饰品、雕塑品、奖杯、奖章、工艺品等。有时候，墙面陈设采用博古架来摆放各种陈设品，可以形成镂空的隔断。

2. 桌面陈设

桌面陈设一般选用小巧精致的且便于陈设和更换的陈设品，如相架、插花、笔筒、小卡通、植物、灯饰、陶艺、小雕塑品等饰物。这些陈设品可以起到装饰空间、展示个性、表露温情的作用。

3. 落地陈设

落地陈设选用的物品一般体量较大，在视觉上比较醒目，如雕塑、屏风、玄关、落地灯、装饰隔断、陶瓷、绿化等，常摆放在办公空间的角落、墙边、走道尽头，或者办公空间需要分隔、转折和过渡的地方。这些地方可以使空间过渡，常常作为装饰的一个重点，在视觉上起到引导、指示、过渡、观景和对景的作用。

4. 橱柜展架陈设

对于品种较多或非常精致的陈设品，或者用于展示业绩的陈设品，一般采取装有灯光照明和玻璃隔断保护的展柜或装饰柜进行陈设。这就是橱柜展架陈设，通常在会议室、高层管理人员的办公室或展览陈列室出现较多。

5. 悬挂陈设

办公空间中只要空间合适、有悬挂的需要，很多地方都可以悬挂陈设品，这就是悬挂陈设。这些陈设品可以是织物彩带、抽象雕塑、吊灯、铃铛、形象招贴、象征性的装饰等，用来丰富空间。悬挂陈设的装饰及其密度，可以在不同的空间，分别呈现出不同的视觉形象、视觉感受和心理暗示。

3.6.2 办公空间的陈设布置

在办公空间中，陈设一定要围绕家具进行布置，陈设的选择和布置总是配合办公空间的主次空间进行和展开。陈设、家具和办公空间三者之间是一种主次和对应的关系，陈设品的大小、尺度、比例、造型、形式等应与家具、办公空间取得良好的比例协调关系：如果陈设品过大，在办公空间中看起来就不顺眼，显得拥堵；如果陈设品过小，会使办公空间显得过于空旷；在局部空间，如果桌面上的陈设品过大，也会因空间对比而让人感觉桌子较小；如果陈设品过多，且在同一个空间出现，会给办公空间增添一种杂乱、拥挤的感觉。

陈设品有其自身特点，在使用过程中，不能因为其色彩、造型、材质、体量等原因自动陷入办公空间的整体环境，而不便于人的视野的比较和均衡。陈设品的色彩还要遵循调和与对比的原则，因为办公空间本来就追求单纯的冷色、灰色和白色，以便于人安静的工作和思考，但如果办公空间过于沉静，则需要色彩的跃动来进行气氛的调节。因此，陈设品在办公空间中要起到一定的色彩对比、空间大小的调和作用。

一般的办公空间的墙面都是平整素雅的，所使用的材料比较简朴，但高级别的空间可能贴有墙布、墙纸等，在上面悬挂一些陈设品，以便在空间上起到一种引导性的作用。(图 3.56)

图 3.56 办公空间陈设布置举例

3.7 办公空间的形象设计

当走进一家企业时，人们总会被办公空间的整体形象设计、空间色彩效果、办公家具造型、整体环境氛围等吸引，甚至会形成强烈的“印象”。这个“印象”可能就是人们对于企业文化的感知。

3.7.1 企业文化概述

企业文化是由企业的价值观、信念、仪式、符号等组成的特有的文化形象，以及在一定的条件下，企业生产经营和管理活动中所创造的具有该企业特色的精神财富和物质形态。它包括文化观念、价值观念、企业精神、道德规范、行为准则、历史传统、企业制度、文化环境、企业产品等，可以归结为以下 3 个层面。

（1）表面层的物质文化，包括厂容、厂貌（或办公空间建筑整体形象、办公空间室内形象等）、机械设备、产品造型、质量等。

（2）中间层的制度文化，包括管理体制、人际关系、各项规章制度和纪律等。

（3）核心层的精神文化，包括各种行为规范、价值观念、企业的群体意识等，以及员工素质和优良传统等。这是企业文化的核心，也被称为企业精神。

企业文化需要经过长期积累，它对内凝聚力量，对外获得消费者的认同。企业文化凝练之后所形成的无形资产与宝贵财富，则是通过 CI（Corporate Identity 的缩写，即企业形象识别）设计来系统表达的，用以指导企业的一切活动，包括理念、视觉形象、行为，以及企业办公环境的塑造。CI 的目的是有意识地培养企业内在的气质，潜移默化地影响企业的言行外表。

3.7.2 企业形象识别的概念

CI 设计是在 20 世纪 60 年代被人们首次提出的，在 20 世纪 70 年代得以推广和应用。它是现代企业走向整体化、形象化和系统管理的一种全新的概念，其定义是：将企业经营理念与精神文化，运用到整体传达的系统，尤其是视觉传达系统，传达给企业内部与大众，并赋予企业生产一致的认同感或价值观，从而达到形成良好的企业形象和促销产品的系统设计。

CIS（Corporate Identity System 的缩写，即企业形象识别系统）是企业经过大规模经营而引发的企业对内、对外管理行为的体现。由于市场竞争越来越激烈，企业之间的竞争不仅仅是产品、质量、技术等方面的竞争，已发展为多元化整体的竞争。企业欲求生存，必须从管理、观念、形象等方面进行调整和更新，制定出长远的发展规划和战略，以适应市场环境的变化。市场的竞争，首先是形象的竞争，需要推行企业形象设计，实施企业形象竞争战略。为了统一和提升企业的形象力，使企业形象表现出符合社会价值观要求的一面，企业就必须进行自身的形象管理和形象设计。

CIS 是以企业定位或企业经营理念为核心的，对包括企业内部管理、对外关系活动、广告宣传及其他以视觉影像为手段的宣传活动在内的各个方面，进行组织化、系统化、统一性的综合设计，力求使企业在这方面采用统一的形态显现于社会大众面前，以树立良好的企业形象。

CIS 作为企业形象一体化的系统设计，是一种建立和传达企业形象的完整和理想的方法。企业可通过 CI 设计对企业的办公系统、生产系统、管理系统，以及经营、包装、广告等系统形成规范化的设计和管理，由此来调动企业每位员工的积极性，使其主动参与企业的发展。通过一体化的符号形式来划分企业的责任和义务，使企业经营在各职能部门中有效地运作，建立起企业与众不同的个性形象，使企业产品与其他同类产品区别开来并在行业领域脱颖而出，可以迅速有效地帮助企业创造品牌效应，从而占有市场份额。

在企业内部实施 CIS，可使企业的经营管理走向科学化和条理化，并趋向符号化。根据市场和企业的发展，有目的地制定经营理念，制定一套能够贯彻和实施的管理原则，并以符号的形式落实执行，可以使企业的生产过程和市场流通程序化、流程化，从而降低生产经营成本和损耗，更加有效地提高产品质量。企业一般利用各种媒体作为统一的对外形象传播的方式，使社会大众接收企业信息，从而建立良好的企业形象，提高企业知名度，增强社会大众对企业形象的记忆和对企业产品的认同。

如图 3.57 所示的这组室外景观构筑物，作为形象符号很好地传达了企业的形象，是 CIS

图 3.57　北京华润凤凰汇购物中心 · 里巷组图

在实践中一种普遍方式。该建筑的外观设计了一连串的景观雨篷，用雨篷的形式和符号作为企业形象的通用符号，而这个符号也传达了企业的整体形象。这个符号出现在购物中心的入口、购物中心的院落、购物中心的周围，成为区域性的地标。

3.7.3 企业形象识别的构成

CIS是由理念识别（Mind Identity，MI）、行为识别（Behaviour Identity，BI）和视觉识别（Visual Identity，VI）构成的。

（1）MI。它是确立企业独具特色的经营理念，是企业生产经营过程中设计、科研、生产、营销、服务、管理等经营理念的识别系统。它也是企业对当前和未来一个时期的经营目标、经营思想、营销方式和营销形态所作的总体规划和界定，包括企业精神、企业价值观、企业信条、经营宗旨、经营方针、市场定位、产业构成、组织体制、社会责任和发展规划等。它属于企业文化的意识形态范畴。

（2）BI。它是企业实际经营理念与创造企业文化的准则，是对企业运作方式所作的统一规划而形成的动态识别形态。它以经营理念为基本出发点，对内是建立完善的组织制度、管理规范、职员教育、行为规范和福利制度；对外则是开拓市场调查、进行产品开发，通过社会公益文化活动、公共关系、营销活动等方式来传达企业理念，以获得社会公众对企业识别认同的形式。

（3）VI。它是以企业标志、标准字体、标准色彩为核心展开的完整、系统的视觉传达体系，也是将企业理念、文化特质、服务内容、企业规范等抽象语意转换为具体符号的概念，塑造出独特的企业形象。它分为基本要素系统、应用要素系统两个方面：基本要素系统主要包括企业名称、企业标志、标准字、标准色、象征图案、宣传口号、市场行销报告书等；应用要素系统主要包括办公事务用品、生产设备、建筑环境、产品包装、广告媒体、交通工具、衣着制服、旗帜、招牌、标识牌、橱窗、陈列展示等。它在CIS中最具有传播力和感染力，最容易被社会大众接受，因而具有主导地位。

3.7.4 企业形象设计的表现——VI设计

在CI设计中，VI设计是最具有传播力和感染力的部分。VI设计将企业标志的基本要素以强力方针及管理系统有效地展开，形成企业固有的视觉形象，透过视觉符号设计的统一化来传达精神与经营理念，有效地推广企业及其产品的知名度和形象。因此，CIS是以VI为基础的，并将企业识别的基本精神充分地体现出来，使企业产品名牌化，同时对推动产品进入市场起到直接的作用。VI设计从视觉上表现了企业的经营理念和精神文化，从而形成独特的企业形象。就其本身而言，VI设计又具有形象价值。

VI设计各视觉要素的组合系统因企业的规模、产品内容不同而具有不同的组合形式，最基本的是企业名称的标准字与标志等要素组成一组一组的单元，以配合各种不同的应用项目。各种VI设计要素在各应用项目上的组合关系一经确定，就应严格地固定下来，以期起到通过系统化来加强视觉诉求力的作用。

VI设计的基本要素系统严格规定了标志图形标识、中英文字体形象、标准色彩、企业象征图案及其组合形式，从根本上规范了企业的视觉基本要素。所以，基本要素系统是企业形象的核心部分，包括企业名称、企业标志、企业标准字、标准色彩、象征图案、组合应用和企业标语口号等。

3.7.5 企业形象设计中的系统设计概念

1. 企业名称

企业名称和企业形象有着紧密的联系，它是 CI 设计的前提条件，是采用文字来表现识别的要素。企业名称的确定，必须反映出企业的经营思想，体现企业理念；同时，要有独特性，发音响亮，易识易读，并注意谐音的意义，以避免引起意义不佳的联想。企业名称的文字不仅要简洁明了，而且要注意国际性，适应外国人的发音，以避免外语语境中错误的意义联想。企业名称在表现或暗示企业形象及商品时，应与商标尤其是与其代表的品牌相一致，也可让商品的名称和企业的名称合一，这样更容易提高企业的知名度和形象，增强广告效应。可见，企业名称的确定，不仅要考虑传统性，而且要具有时代特色。

2. 企业标志

企业标志是特定企业的象征性识别符号，是 CIS 的核心基础，通过简练的造型、生动的形象来传达企业的理念、具体内容、产品特性等信息。企业标志设计不仅要具有强烈的视觉冲击力，而且要表达出独特的个性和时代感。如果要表达出独特的个性和时代感，就必须广泛地适应各种媒体、各种材料和各种用品的制作表现形式：图形表现（包括再现图形、象征图形、几何图形），文字表现（包括中外文字和阿拉伯数字的组合），综合表现（包括图形和文字的结合应用等方面）。

企业标志要以固定不变的标准原型在 CI 设计形态中应用，初步设计时必须绘制出标准的比例图，并表达出标志的轮廓、线条、距离等精密的数值。其制图可采用方格标示法、比例标示法、多圆弧角度标示法等，以便于标志能够在放大或缩小时，能够被精确地描绘和准确地复制。

3. 标准字体

企业的标准字体包括中文、英文或其他文字字体，是根据企业名称、企业牌名和企业地址等进行设计的。标准字体的选用要有明确的说明，能够直接地传达企业、品牌的名称，并强化企业形象和品牌诉求力，可以根据使用要求的不同，采用企业的全称或简称来确定标准。标准字体的设计，要求字形正确，富于美感并易于识读，在字体的线条粗细处理和笔画结构上要尽量清晰、简化和富有装饰性。在设计标准字体时，要考虑字体与标志在组合时能否协调统一，对字距和造型要做周密的规划，注意字体的系统性和延展性，以适应各种媒体和不同材料的制作，以及各种物品大小尺寸的应用。标准字体的笔画、结构和字形的设计要体现企业的精神、经营理念和产品特性，其标准制图方法是将标准字配置在合适的方格或斜格之中，标明字体的高、宽尺寸和角度等位置关系。

4. 标准色彩

企业的标准色彩是用来象征企业，应用在 VI 设计中所有媒体上的指定色彩。标准色彩所具有的知觉引起心理反应，可表达出企业的经营理念和产品特质，体现出企业的属性和情感。标准色在视觉识别符号中具有强烈的识别效应。企业标准色的确定要根据企业的行业属性来突出企业与同行的差别，创造出与众不同的色彩效果。企业标准色的选用以国际标准色为标准，颜色使用不宜过多，通常不超过 3 种。

5. 象征图案

企业的象征图案是为了配合基本要素在各种媒体上的广泛应用而设计的，在内涵上要体现企业精神，起到衬托和强化企业形象的作用。可以通过象征图案的丰富造型来补充标志符号，从而建立企业形象，使其意义更加完整、更易识别、更具表现的幅度和深度。象征图案在表现形式上一般比较简单、抽象，与标志图形既有对比又保持协调的关系，也可根据标志或组成标志的造型内涵来设计。象征图案在与基本要素组合使用时，要有强弱变化的律动感和明确的主次关系，并根据不同媒体的需求进行各种展开应用的规划组合设计，以保证企业识别的统一性和规范性，从而强化整个系统的视觉冲击力，达到产生视觉诱导的效果。

6. 标语口号

企业的标语口号是企业理念的概括，是企业根据自身的营销活动或理念制定的一种文字宣传标语，是对企业形象和产品形象的补充。企业的标语口号要求文字简洁、朗朗上口。准确而响亮的企业标语口号，在企业内部能激发员工为实现企业目标而努力的动力，在外部则能表达企业发展的目标和方向，增强企业在公众心目中的印象。

7. 企业吉祥物

企业吉祥物一般以平易近人的人物或拟人化的形象，来引起公众的注意和得到公众的好感。

8. 专用字体

企业的专用字体就是针对企业所使用的主要文字、数字、产品名称，结合对外宣传文字等统一设计出来的字体。它主要包括为企业产品而设计的标识字，为企业对内、对外活动而设计的标识字，为报刊广告、招贴广告、影视广告等设计的刊头、标题字体等。

3.7.6 企业形象设计中 VI 设计的具体应用

当企业 VI 最基本的标志、标准字、标准色等要素确定后，企业和设计人员就需要进行这些要素的精细化作业，开发各应用项目。VI 设计各要素的组合系统因企业规模、产品内容的不同而具有不同的组合形式，最基本的形式是将企业名称的标准字与标志等组成不同的视觉单元，以配合各种不同的应用项目。当 VI 设计各要素在各应用项目上的组合关系确定后，就会被严格地固定下来，以期通过统一性、同一性和系统化的标准来满足视觉诉求。

1. 办公事务用品

办公事务用品的设计需要统一和规范化，体现出企业的精神。其设计方案应严格规定办公事务用品形式排列的顺序，以标志为标准图形来安排文字的格式、色彩的套数和所有尺寸依据，以形成严肃、完整、精确和统一的格式，给人一种全新的感受，表现出企业的风格；同时，也需要展示出现代办公高度集中和现代企业文化向各领域渗透传播的趋势。它包括信笺、名片、徽章、工作证、文件夹、账票、备忘录、资料袋、公文表格等。

2. 企业外部建筑环境

企业外部建筑环境设计是企业形象在公共场合的视觉再现，是一种公开化、具有特色的群体设计，是体现企业面貌特征的系统设计。其设计方案应借助企业周围的环境，突出和强调企业识别标志并融入周围的环境，充分体现企业形象的标准化、正规化和独特性。它主要包括建筑造型、旗帜、门面、招牌、公共标识路牌、路标指示牌、广告塔等。

3. 企业内部建筑环境

企业内部建筑环境涉及企业的办公室、销售厅、会议室、休息室、内部环境形象等。其设计方案应将企业识别标志融入企业室内环境，从根本上塑造、渲染、传播企业识别形象，充分体现企业形象的统一性。它主要包括企业内部各部门标识、企业形象牌、吊旗、吊牌、货架标牌等。

4. 交通工具

交通工具是一种流动性、公开化的企业形象传播方式，其流动的频率可以使人形成瞬间的记忆，潜移默化地建立起企业的形象。其设计方案要考虑交通工具的流动性，用标准字和标准色来统一各种交通工具外观的设计效果，图形简洁，形状要大，标志和字体要醒目，色彩要强烈、单一，便于公众识别，最大限度地发挥流动宣传的视觉效果。

5. 服装服饰

统一、整洁、高雅的企业服装服饰设计，可以提高员工对企业的归属感、荣誉感和主人翁意识，可以改变员工的精神面貌，从而提高工作效率。其设计方案需要严格区分工作范围、性质和特点，符合不同岗位的着装要求。它主要包括员工制服、礼仪制服、文化衫、领带、工作帽、胸卡等。

6. 广告媒体

企业选择各种不同媒体的广告形式对外宣传，是一种长远、整体、宣传性极强的传播方式，可在短期内以最快的速度，在最广泛的范围内将企业信息传达出去，是现代企业传达信息的主要手段。它主要包括电视广告、报纸广告、杂志广告、路牌广告、招贴广告、自媒体广告等。

7. 产品包装

产品包装起着保护、销售、传播企业和产品形象的作用，是一种记号化、信息化、商品化流通的企业形象，代表着企业产品生产的形象，象征着商品质量的优劣和价格的高低。所以，系统化的包装设计具有强大的推销作用，成功的包装是最便利的宣传，也是介绍企业和树立良好企业形象的最佳途径。它主要包括纸盒包装、纸袋包装、木箱包装、玻璃包装、塑料包装、金属包装、陶瓷包装等。

8. 赠送礼品

赠送礼品是企业经过形象化设计而富有人情味的礼品，是与顾客联系感情、沟通交流、协调关系的一种纽带。它以企业标识标志为导向，以传播企业形象为目的，将企业组合形象表现在赠送礼品上。企业的赠送礼品也是一种广告形式，主要应用在 T 恤衫、领带、打火机、钥匙扣、雨伞、纪念章、礼品袋、水杯等上面。

9. 陈列展示

陈列展示是企业在营销时运用广告媒体来突出企业形象，宣传企业产品或销售方式的一种传播活动。其设计方案要体现陈列展示的整体活动，突出陈列展示的整体感、秩序感、新颖感，以及企业的整体精神风貌。它主要包括橱窗展示、展览展示、货架商品展示、陈列商品展示等。

10. 印刷出版物

企业的印刷出版物品也代表了企业形象，将企业文化直接传达给公众。其设计方案为了取得良好的视觉效果，必须充分地体现出强烈的统一性和规范化，表达出企业的精神。企业的印刷出版物要与企业 VI 编排一致，有固定的印刷字体和排版格式，并将企业标志和标准字统一设置成某一特定的版式风格，形成统一的视觉形象来强化公众的印象。它主要包括企业简介、商品说明书、产品简介、企业简报等。

以上内容倾向于视觉传达方面，下面以阿里巴巴及其旗下公司为例，介绍办公空间的系列标志设计、标准字体设计，以及办公环境中的 VI 设计等企业形象设计。（图 3.58）

阿里巴巴
Alibaba.com™

淘宝网®
Taobao.com

TMALL天猫

AliExpress™
Smarter Shopping, Better Living!

图 3.58　阿里巴巴及其旗下公司的系列标志设计、标准字体设计及相关推广和运用

阿里巴巴的标志是固定的，但标志和标准字体在组合上发生了一系列变化。这些标志和标准字体组合图形经常出现在阿里巴巴及其旗下公司各办公空间的形象墙、办公建筑的造型上，甚至出现在建筑周围的景观设计，有时以立体的形式出现，有时也会另辟蹊径，如图 3.59 ～图 3.62 所示。

图 3.59　阿里巴巴的前台和 LOGO 墙（1）

图 3.60　阿里巴巴的前台和 LOGO 墙（2）

图 3.61　阿里巴巴办公楼建筑的室外标志设计（1）

图 3.62　阿里巴巴办公楼建筑的室外标志设计（2）

3.7.7　办公空间设计形象的重要性

办公空间设计也可以成为文化和符号的象征。办公空间与生产工业品的企业厂房不同，其存在方式对客户对企业产品及其服务质量产生的感知度、满意度、认知度起着不可忽视的作用。办公空间设计可以凸显统一、清晰的企业形象，客户在进入企业办公空间时，总会下意识地寻找和了解关于企业的信息线索；而在客户与员工共同参与的服务场所，这些办公空间本身就是企业内部员工工作的场所，这种场所常常被客户视作企业状态的真实形象。

例如，洛克菲勒中心是位于美国纽约的一处由数幢摩天大楼组成的复合型设施，是美国的“国家历史地标”（图 3.63）。洛克菲勒中心的核心建筑是“无线电音乐厅”和“通用电气大楼”。尤其是无线电音乐厅，可以说是大多数学习建筑和设计的人都想去的地方，其中的雕塑、壁画、装饰、灯具、家具、室内设计等都精彩得令人感到震撼。洛克菲勒中心建筑群的中央有一个下凹的广场，夏天可以作为露天咖啡座，冬天可以作为溜冰场；广场正面有一座飞翔的普罗米修斯雕像，这里是很多好莱坞影片拍摄喜欢选取的场景之一。一座城市有这样一个巨大的包含商业、艺术、文化内容等高层建筑群中心，实在是这座城市的幸运，洛克菲勒中心也因此成为这座城市文化的形象、符号和标志。

图 3.63　洛克菲勒中心的门前雕塑及建筑外景

3.7.8　办公空间中的企业文化表达

在办公空间设计中，企业文化对客户和员工在形象和行为方面的直接要求也成为设计师设计时的切入点。企业文化除了平面 VI 设计，在办公空间设计中还以立体的形式在建筑空间、室内空间中将企业文化精神进行转化，并最终表现出来。

企业形象的建立以企业理念作为指导，具体应用到办公空间设计上，需要注意以下几点。

（1）相同的企业文化理念因设计师理解的不同，设计结果也会千差万别。

设计师通过与企业进行文化、理念方面的沟通交流，以尽可能地理解企业文化的真实含义。然而，一套系统的 CI 设计包含诸多信息内容，如企业精神、企业价值观、企业信条、经营宗旨、经营理念、市场定位、品牌理念、产业构成、组织体制、社会责任和发展规划等，将这些都体现在 CI 设计中是不可能的。那么，哪些理念是重点突出的、哪些理念在设计中是可以被弱化的等，都因设计师个人理解的不同而有所不同。在客户眼里，所有的东西都很重要，都是文化的体现，但设计师不能满足客户所有的要求。对于“人性化”环境的理解，有的设计师认为要增加有机性的曲线或曲面造型，减少直线型造型；有的设计师认为要在室内增加绿化进行点缀，增加盆景园林等环境设施；有的设计师认为要扩大阳台的空间，以增加采光；有的设计师则认为要增加一些娱乐、休闲或体育设施；等等。由此可见，设计师对于企业文化的理解可能存在较大差异，因此在 CI 设计表现上各不相同。

（2）设计师在体现企业文化的 CI 设计理念时，要依据企业的文化理念进行二次设计。

企业的文化理念作为文字性的表达，不可能直接就是 CI 设计的理念，设计师需要进行提炼后再设计，将其转化为可以应用的具体设计形式。例如，根据阿里巴巴的文化理念来看企业文化设计，表现在具体的办公空间中，非常明显的就是前台的背景墙和广告牌、办公楼前的企业名称立体设计等。阿里巴巴的企业文化有人描述为：阿里巴巴意味着“芝麻开门”，寓意平台为小企业开启财富之门，其使命是“让天下没有难做的生意”。这对于广大生意人来说，是一个信息化的创举。企业最重要的是客户，其次才是员工。客户是企业的衣食父母，员工是朝夕相处的伙伴。支撑阿里巴巴的是众多小企业，这些小企业也离不开阿里巴巴，而阿里巴巴则为它们提供网络平台。“技术是工具，股东最不重要，小企业比大企业好”，这是阿里巴巴独特的经营理念。（图 3.64）

有关企业文化的描述，对于实际的办公空间设计可能并没有具体的指导意义和利用价值，但如果真正为阿里巴巴设计办公空间，这些内容是设计师不得不考虑的因素。首先，设计师需要从诸多信息中选择与办公活动相关的人、事、物的文化理念；其次，确定标语和文字的表达，经营理念上说的“最重要的是客户”，价值体系上说的“客户第一”“团队合作”“拥抱变化”，经营理念上说的“小即是美”，都是为了建立一个“提供大量工作岗位”的平台。例如，阿里巴巴“六脉神剑”价值体系中的“诚实正直，言行坦荡”“乐观向上，永不言弃”“专业执着，精益求精”（图 3.65），这些文化特征都与员工的办公活动有关系，而设计师捕捉这些信息后会从不同角度选择其中一种理念来进行企业文化设计。

图 3.64 阿里巴巴旗下产业品牌树图

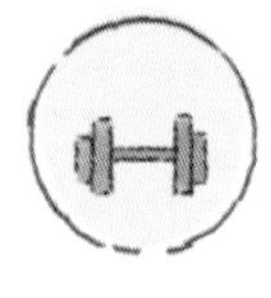

图 3.65 阿里巴巴“六脉神剑”价值体系

企业精神可以通过企业文化墙上的标语、LOGO 或者文字生成，唤醒企业文化，增强员工情感。例如，“让每个进入阿里的人与众不同，做最美的自己”“聚一群有情有义的人，共同快乐地做一件有价值有意义的事”，这些文字在表达和转化着企业的文化理念，体现了阿里巴巴的企业文化。（图 3.66 ～图 3.70）

图 3.66 阿里巴巴办公空间的背景墙和前台

图 3.67 阿里巴巴办公空间墙立面上的标志

图 3.68 阿里中心背景墙上的 LOGO

图 3.69　阿里巴巴前台的 LOGO

图 3.70　阿里巴巴办公空间室内情形

（3）利用空间和平面的造型形成的环境，凸显企业文化理念的方式很多，但只有选择合适的方式使该理念传播达到“润物细无声”的效果，才能形成最好的设计。

那么，企业的文化形象该如何塑造？文化理念该怎么体现？办公空间设计又如何细致入微地解决员工的团队合作问题？例如，在阿里巴巴的建筑空间规划中，有专门的体育空间，如篮球场、网球场，供员工进行体育锻炼，调节身心健康，以培养团队精神；在员工的办公空间，植入绿化的概念，增强了办公环境的自然气息，也活跃了员工的办公氛围；在员工的休憩空间，植入混搭无界限的交流空间模式，在灯光设计上采用局部照明和大部分暗沉的灯光设计，便于私密交流和小型活动开展。这样的形式设计和空间安排，可以更好地传达出企业的文化理念。（图 3.71 ～图 3.74）

图 3.71　阿里巴巴体育空间

图 3.72　阿里巴巴办公空间 (1)

图 3.73　阿里巴巴办公空间 (2)

图 3.74　阿里巴巴办公空间 (3)

3.7.9 办公楼群的城市文化形象——城市天际线

每一座城市都因自己标志性建筑物而有别于其他城市，来体现“存在感”，这样的标志性建筑可以是一个，可以是一组，也可以是一群。城市办公楼的建设是一个时代的烙印，体现了时代的特点，也形成了历史的街区。现代办公楼尤其是摩天大楼，它们的逐一出现或“组团”出现并非偶然，它们常常成为城市的地标甚至象征，展现了城市天际线，传承了城市发展的脉络，如美国纽约曼哈顿的城市天际线（图 3.75）。

图 3.75　美国纽约曼哈顿的城市天际线

1. 城市天际线的概念

从传统意义上说，天际线是指“天空与地面交接的那一条线”。作为建筑物表征的城市天际线，在 20 世纪 90 年代才逐渐被人们普遍接受。由于技术的发展，钢结构得到了普遍应用，过去横向发展的办公空间向纵向、立体空间发展，逐渐形成高楼。一些摩天大楼也逐渐出现，过去代表城市地标的宫殿、教堂或市政厅成为历史，新的建筑开始成为城市公共空间的代表甚至象征着城市，成为城市新的视觉形象和城市公共空间新的象征。

2. 城市天际线的形成

城市天际线的有两种方式：一是利用特殊的地形地貌来制造地景式的天际线，如雅典的卫城；二是利用突出的建筑物或构筑物来制造天际线，如巴黎的埃菲尔铁塔。相对于地形地貌而言，城市的建筑物或构筑物更容易勾勒出城市轮廓，更容易代表城市发展，形成城市的天际线。一个城市天际线的地理位置和峰值最高的地方，意味着那里就是城市地价和租金最高的区域，而城市天际线思想的形成，表明城市从传统的生产城市转变为国际化大都市。

3. 现代办公楼与传统文化的冲突与协调

无论东方还是西方，钢结构和玻璃幕墙形成的办公楼群与传统的城市建筑存在一定的冲突。例如，北京过去的中心在紫禁城，现在的中心不止一个，与紫禁城色彩协调的文化表征已经被打破。实际上，那些高耸、排列的办公楼群，除了其令人赞叹的集现代化、技术进步和财富于一体的体量，并不能让人感觉到“不加修饰的技术和文化”的自信。每一座办公建筑或多或少地影响并构建着城市的文化轮廓和主题脉络。又如，巴黎拉德芳斯区的现代办公楼汇集，与巴黎传统的埃菲尔铁塔周边低矮的建筑物街区形成强烈的对比。可见，现代办公楼群与传统文化的协调需要从城市的整体价值、综合利益和形象方面进行协调，而不只是简单地根据城市管理层面的偏好或利益进行设计。

4. 办公空间的建筑楼群影响城市人文环境

办公空间是一种公共空间，但与居住空间相比是一种半公半私的空间，需要具备一个舒适、方便、安静、优美的工作环境。尤其是商务性的办公空间，可以以信息和通信技术、智能化办公作为办公楼开发的准入标准。同时，由于交流场所的多样化，一些办公空间室内新增了公共空间，如茶水区、咖啡厅、茶吧等，办公楼周边也开发了街边公园、商业设施等。例如，法国香榭丽舍大街、巴黎商业街都是城市办公楼周边的辅助设施，共同体现了办公区域建筑楼群的文化印记和功能特点，体现了地域文化在商务办公建筑楼群中的设计和价值（图 3.76、图 3.77）。

图 3.76　法国香榭丽舍大街

图 3.77　法国巴黎商业街景

例如，北京金融街（图 3.78）是体现了城市文化形象的办公建筑楼群，作为金融街的代表性建筑，它是北京第一个大规模整体定向开发的形成的金融产业功能区。经过多年的开发建设，北京金融街俨然成为中国最有影响力的金融中心之一。

图 3.78　北京金融街

5. 景观园林设计在拥挤城市办公空间中的调剂

由于办公楼群空间的发展，办公空间内部在逐渐开放化，甚至演变为园林式的室内公共平台。在办公空间的大堂、中庭及楼顶等处，都可以与外界连通并延展空间，成为办公楼的公共空间和开放空间。例如，美国城市规划师凯文·林奇将城市公共开放空间定义为“连续的、集中的、成为城市剩余部分的造型，可连接在一起的开敞空间”，依靠这些“开敞空间”的尺度，可以为拥挤的城市提供调节。如此一来，办公楼的开放空间相对于城市规划而言是小型的，广泛分布于城市的结构之中。办公楼内的公共空间所布置与设计的载体可以成为园林式的公共平台，有绿化、水景，还可以附加一些长椅、垃圾桶、灯箱等点缀其间；咖啡厅和茶座的结合，俨然成为实际的休闲娱乐场所，可以净化和美化室内环境，打破人们对办公空间所具有的封闭性和枯燥性的认知，使得他们更新了办公空间的环境观。例如，美国洛克菲勒广场上的水景、雕塑和植物绿化，澳大利亚悉尼办公楼下面的植物绿化，都增添了城市办公楼的情趣（图 3.79、图 3.80）。

图 3.79　美国洛克菲勒广场即景

图 3.80　澳大利亚悉尼办公楼即景

本章训练和作业

1. 作品欣赏

在网上搜索阿里巴巴总部办公空间设计案例并进行欣赏。

2. 课题内容

掌握企业文化的表达内容、办公空间企业文化的设计内容。

课题时间：16 课时。

教学方式：教师运用图片、视频等资源进行教学。

要点提示：企业文化的概念、企业文化在视觉传达方面表现的内容。

教学要求：掌握企业文化的概念，深入实践将企业文化观念应用于办公空间设计。

训练目的：学会用视觉因素和形式表达企业文化，并将其应用于办公空间设计。

3. 其他作业

归纳企业文化在办公空间设计中的表现内容和形式。

4. 思考题

（1）企业文化和形象在办公空间中如何通过家具造型、地面空间组合、材料和色彩的对比组合、陈设装饰等进行表现？请以一个长 20m、宽 10m 的建筑空间单元为例，设计一个具有某种业务性质的企业办公空间。要求该企业内部的办公空间单元根据功能空间划分，侧重于企业文化和形象的设计，至少画出设计草图，可以用马克笔、彩铅手绘，也可以用计算机辅助设计软件绘图。或者，从网上下载一幅办公空间设计图，依据建筑框架绘制一个楼层的建筑空间平面图，继而完成办公空间设计。

（2）企业形象的表达，要以企业创设的理念为主旨，请思考在办公空间设计中如何来表达？如何去理解？可以采用头脑风暴法、形象思维、逻辑思维等方式来思考和交流。企业形象的表达多种多样，其设计的形式和空间的创造要综合各种因素，有多种形式的空间组合，需要有足够的包容心态。设计形态的表达应体现在办公空间的形态、材料，不同材料色彩的组合，以及天花吊顶等方面的空间造型上，还应结合陈设装饰、植物环境等方面，最后形成一个综合的形象。即使针对同样的环境，不同的人会有不同的理解，因此需要在设计构思上尽情发挥想象。

第4章 办公空间设计的类型

【训练内容和注意事项】

训练内容：要熟悉办公空间设计的类型，需要先查找相关资料，再分析并归纳办公空间设计类型的特点。

注意事项：要理解办公空间设计类型的特点，需要先了解设计者的设计倾向，再分析墙面、地面、天花吊顶等的装饰特点，家具的陈设特点，以及空间的安排。

【训练要求和目标】

训练要求：通过对各种类型的办公空间进行分析，体会其设计的艺术特点和意义。

训练目标：掌握各种类型的办公空间设计的艺术特点和意义，归纳其所具有的装饰特色，以便在设计时灵活运用。

本章引言

本章主要介绍各种类型的办公空间设计，虽说不太齐全，但可供参考。随着时代的发展，不同时间、不同地点的办公空间被划分为不同的类型，人们也提出了新的划分标准，有时一些类型还会重叠。但是，不同类型的办公空间设计，给人的心理感受终究是不同的，因为它们具有不同的特点，我们需要根据其直观形象和材料特点去理解。

4.1 怀旧主义风格

对于怀旧主义风格，建筑设计师 Jill Diamant 设计的广告公司办公空间对这种设计类型做了诠释。玄关入口［图 4.1（a)］用原木屏贴装饰，门上雕刻企业标识，天花吊顶用水泥模筑痕迹装饰，表现出粗犷的原始装饰模样。办公空间的前台［图 4.1（b)］摆放古典风格的沙发家具，墙面是原木拼贴的，有木头结疤的痕迹；天花吊顶直接暴露，不加掩饰，连排气管道也直接暴露出来；茶几采用木本原色。长廊式的办公空间［图 4.1（c)］宽敞明亮，柱子和天花吊顶上显露出钢筋混凝土施工的痕迹，空调和排气管道等悬挂在天花吊顶上；宽大的木本原色工作台面、宽敞的走道、明亮的局部照明等，营造出一种温馨的氛围。交流空间［图 4.1（d)］的墙立面采用清水砖墙砌筑，具有一种原始质朴的风格；木头横梁装饰挂在天花吊顶上，本身就体现出一种结构美；地面铺砌木质花纹的木地板，桌椅采用横斜排列造型，非常具有动感，给人一种轻松自由的感觉。会议空间［图 4.1（e)］的墙面背景采用带有书柜装饰图案的墙纸贴面，采用规整的矩形黑色线条的装饰线框，装饰感强烈。餐饮空间［图 4.1（f)］采用古旧的蓝色风格，蓝色的沙发和曲折的装饰线条增加了柔软的感觉，蓝色的家具与白色的门一起营造了一种冰冷而高雅的空间氛围，可以使人忘记工作烦恼，享受宁静的餐饮时刻。

(a) 玄关入口

(b) 前台

图 4.1　Jill Diamant 设计的广告公司办公空间

（c）办公空间

（d）交流空间

（e）会议空间

（f）餐饮空间

图 4.1 Jill Diamant 设计的广告公司办公空间（续）

4.2 如家一样随性的空间风格

对于如家一样随性的空间风格，Airbnb 总部的办公空间设计就对这种设计类型做了诠释。它采用了合理利用各种功能空间的格子间［图 4.2（a)］形式，使每位员工都有独立的交流空间。这种设计类型将房屋构架置入办公空间，给人一种家的感觉［图 4.2（b)］。而在办公空间中设置各种小品建筑框架装饰，可以形成独立的“家庭”小单元［图 4.2（c)］。在公共空间，光线明亮，空间宽敞，还有像卡座一样的相对私密的局部办公空间［图 4.2（d)］。在这种办公空间里办公，可以像家庭起居一样从容处理自己的工作内容。

（a）格子间

（b）房屋构架置入办公空间

（c）“家庭”小单元

（d）类似卡座的私密空间

图 4.2　Airbnb 总部的办公空间

4.3　港式风格

港式风格的办公空间一般偏向现代感，首先，在色彩选取上突出朴素和冷静，在线条勾画上突出简练和直接，在整体风格上偏向简单和密集（图 4.3）。这种风格能让员工忽略办公环境，将重心放在工作上面，用来提升工作效率。港式风格办公空间在装修前首先要确定布局，其布局一般分为 3 种：蜂巢型、密室型和鸡窝型，每种布局对应一种类型的空间。其中，蜂巢型办公空间适合以单兵作战为主的集团化办公；密室型办公空间适合劳动密集度高的行业办公；鸡窝型办公空间则适合以脑力劳动为主的企业办公，可以发挥员工的主动性。其次，要选择与之相匹配的材料，在墙面、地板和家具选择上遵循简洁而大气的原则，在颜色选择上以黑、灰、白为主。最后，选好材料、家具后，可以选择一些比较活泼或者富丽堂皇的小物件作为装饰品，这样不至于让办公空间显得过于单调。

图 4.3 港式风格办公空间

4.4 极简主义风格

除去华丽的矫饰，摒弃繁杂的设计，通透明亮的极简主义风格办公空间给人以干净利落之感，大量的绿植铺陈或零星点缀都会给这种时尚而简约的设计类型增添一种活泼明快的视觉感受。甚至在天花吊顶上，它都充分利用了建筑的原始空间结构，直接裸露出照明设施、空调管道、排气管道等，而且喷涂黑色涂料，可以让人的视觉集中在办公空间的下层，避免办公时注意力分散（图 4.4）。整个空间没有其他复杂的颜色，所谓“少即是多，简单即大雅”，甚至连办公桌椅、文化墙和玻璃隔断都采用简约的设计。这种极简主义风格的设计类型，更容易使人将注意力集中在办公空间里为数不多的物件及工作上，会让人静下心来工作与思考。无论是办公区还是会议区，黑白的色调搭配、带有几何轮廓的办公家具都能塑造出极简主义风格办公空间设计的质感（图 4.5）。

图 4.4　极简风格办公空间的前台等处

图 4.5　极简风格办公空间的交流空间

例如，在图 4.6 所示的办公空间里，办公桌都非常简洁，色彩采用对比强烈的黑白色，与整体色调保持一致。桌面是黑色的，可以使人沉静下来；而桌腿是白色的，使得桌面仿佛飘浮在地面上。桌面上摆放着绿植和花卉等，用来调节人的心理感受，可以弱化乏味和单调的工作氛围。地板采用纵横条纹拼花平绒地毯材质，可以减少噪声，连颜色都是黑白色纵横对比，使地板整体上形成灰色调。但如果时间长了，这种设计风格也会给人一种枯燥的感觉。

图 4.6　极简风格办公空间中的办公桌及植物装饰

4.5　新中式和新东方风格

新中式相对旧中式而言。新中式风格办公空间设计在空间上采用对称布局，方方正正，家具和装修一般使用棕色和黑色等，多采用诸如博古架、屏风、格栅、宫灯、卷轴书画、仿古家具、陶瓷等中国元素进行装饰。新中式风格的装修采用包容的方式，既采用中国传统的古风形式，又结合现代的平面直线形式，材料不一定是紫檀木、红木、花梨木、黄杨木等，但至少是实木，如枫木、榆木等；家具也以实木家具为主，造型采用硬朗和简洁的线条，将现代与古典结合起来；在色彩上多采用白色、原木色、红木色、亮黄色、淡绿色、淡灰色等；装饰材料多采用丝纱织物、羊皮纸、壁纸、玻璃、仿古瓷砖、大理石等。（图 4.7 ～图 4.10）

图 4.7　新中式书房

图 4.8　新中式风格局部交流空间

图 4.9　新中式风格茶饮空间

图 4.10　新中式风格书房及交流空间

东方在地理上主要以中国地理范围作为参照，还包括东北亚、东南亚等区域。新东方风格在这里主要指中国现代风格。如图 4.11 ～图 4.15 所示，这种风格的办公空间设计一般使用原木板、复合地板、玻璃、人造石等材料，或直接露出木质纹理，采用暗红、枣红等暗沉色调，摆放明清式家具，辅以简洁的斜方格纹样符号格栅，前台摆放缠枝花纹雕花镂空的柜台，墙面用传统图案做装饰，走廊上摆放传统的腌菜缸、米缸和瓦缸，并采用青花瓷片布景；同时，天花吊顶采用白色颜料喷涂，地板采用大理石铺装，既具有强烈的现代主义装饰特色，又体现出浓郁的新东方风格。

图 4.11　新东方风格会议室

图 4.12　新东方风格斜方格纹样符号格栅

图 4.13　缠枝花纹雕花镂空的柜台

图 4.14　腌菜缸、米缸和瓦缸墙景

图 4.15　青花瓷片布景

新中式和新东方风格是业内的称谓，也是中国传统装饰风格装饰的总称，内涵所指基本一样。

4.6　简约黑白灰风格

简约黑白灰风格办公空间能够营造出一种宁静、素雅的工作情调，简约而不简单。如图 4.16 所示的员工办公空间，天花吊顶涂有大面积的白色，使用矩阵分隔的灯箱照明；办公桌和台面隔断文件柜等使用白色材料，并配备黑色办公椅；过道地板整体都是黑色的，工作区域铺设白色地板；朝向员工的墙面铺贴黑色的平绒墙布，在照明上对工作区域和交通流线进行了明确的划分，在整个空间效果上形成一种明显的高效、简洁的风格。同时，对景交流空间（图 4.17）设置一面开窗，天花灰暗深沉，家具呈现白色或木本原色，大气方正。白色的椅子和桌面可以起到醒目的作用，桌面上的植物可以活跃氛围，使空间更加清新。

图 4.16　员工办公空间

图 4.17　对景交流空间

如图 4.18、图 4.19 所示的办公空间，天花吊顶的色调深沉，地面却被灯光照得非常明亮，而且立柱呈现出白色乳突状肌理，在整体上形成了一种黑白灰的色调。椅凳采用跳跃的、具有生气的橙色，办公桌上的局部照明设计为白色灯光，这种明暗对比可以营造出一种让人聚精会

图 4.18　办公兼会议室

图 4.19　办公交流空间

神地工作的氛围。而且，立柱的白色乳突状肌理可与光滑的地面和墙面等形成对比，经过白色树枝的衬托，很好地起到了活跃气氛的作用。

4.7 禅意空间风格

禅意一般是指清静、寂定的心境，所谓“逢苦不忧，得乐不喜”，表现为虚空、平静、宁静等感觉。例如，有的禅意空间风格办公空间的休息区和工作区兼具内在的品质和外在的气质，可以让现代人回归自身审美和自我意识，诸如柔弱与力量、饱满与虚空、动感与平静、线与面、光与影、各种表面的对立，实则上是一种美妙空灵的诠释。

如图 4.20 ～图 4.23 所示的办公空间，宽大的木本原色桌上摆放着笔墨和台灯，并摆有白底蓝釉花瓶，所有家具都是深沉的木本原色；墙面和地板为白色，虚空面积较大，体现了一种素颜、无为的空寂，营造出一种闲适的氛围。隔断玄关由格栅和台面组合而成，纵向简约，颜色深沉含蓄，台面采用优雅的白色大理石铺陈，摆有陶马，花篮里插着干花，表现出简单、平

图 4.20　禅意空间风格的办公空间

图 4.21　禅意空间风格的隔断玄关

图 4.22 禅意空间风格的领导办公室

图 4.23 禅意空间风格的几案及洗手钵、花瓶

静的旋律。高层管理人员办公室宽大的办公桌和背景墙采用简约三条纵格进行划分，结合天花吊顶的平展、家具颜色的暗沉和地板的白灰，形成良好的空间对比关系，表现出一种恢宏的大度和宁静的平和。几案上的洗手钵和花瓶简约、素雅，其间点缀粉红花朵，如同静水中的一汪涟漪；精致纤细的格栅、抽象的多段 S 波折抽象雕塑、细密的横向合页窗和 V 形白色灰纹大理石圆台等，一起构成了一幅清静、淡雅的禅意空间。

4.8 工业风和后现代主义风格

所谓工业风，就是在办公空间设计中尽量保留原始的建筑施工形式，或者稍作装饰和加工，融入原始和粗犷的情调。如图 4.24 ～图 4.27 所示的办公空间，在设计形式上充分体现了粗野主义、结构主义、高技派、工业风，以及后现代主义拼凑和符号堆积的影响。设计师一般采用原始木材、玻璃、艺术红砖、地毯、艺术地板、墙漆等材料，保留建筑施工的原始风貌，如保留红砖砌清水墙面、钢筋混凝土的模板印迹和材料自身的颜色等，少有粉饰，将整体空间打造为多样化的共享办公形态，凝聚了艺术、文化、时尚、设计、商业等气息，用创新思维重新定义空间的使用界限。另外，多摆放布艺沙发，体现出原始和自然的特点。在整体装饰上，这种设计类型也非

图 4.24　红砖砌清水墙面

图 4.25　砖砌经过粉饰，空调排气、电线管道等直接暴露

图 4.26　红色砖砌清水墙、坡屋顶框架和几何天花吊顶装饰

图 4.27　清水墙木板和暴露的天花吊顶

常重视材料的自然颜色和纹样，以及材料自身的装饰特色。

工业风设计类型用色简单，让人感到一种冷酷、干净、冷静的气息，而且其表现出的粗犷受人青睐。这种风格多采用黑白搭配，黑色神秘冷酷，白色优雅轻盈，两者混搭更为经典，可以创造出多层次的变化。另外，金属材料和金属家具在工业风风格办公空间设计中广泛使用。这种风格也比较喜欢裸露的设计，如裸露的墙面、裸露的管线，这也是其比较擅长的设计方式。这种风格还有一个特色就是墙面，用趣味性的清水墙取代单调平涂的粉刷墙，砖块与砖块中的缝隙区别于其他墙面之间的光影层次。这些裸露的砖墙无论涂上黑色、白色还是灰色，都能给办公室空间带来一种老旧、摩登的视觉效果。

后现代主义设计类型强调形态隐喻、符号化、装饰主义，是对现代主义、理性主义的一种批判，讲究人情味和装饰。这种风格在方法上多采用非传统的混合、叠加、错位、裂变等手法，集理性与感性、传统与现代、大众与专业等于一体，允许不同的风貌并存，具有“非此非彼”的形象特点，更加贴近办公人员的习惯。（图 4.28 ～图 4.33）

图 4.28　休息娱乐空间

图 4.29　开放的办公空间和交流空间

图 4.30　灵活的餐饮空间

图 4.31　宽敞的办公空间

图 4.32 变幻的办公空间

图 4.33 多功能办公空间

4.9 活泼绚丽的风格

对于活泼绚丽的风格，思特沃克的办公空间设计就对这种设计类型做了阐述，如图 4.34 ～图 4.40 所示。思特沃克是一家软件开发咨询公司，其办公室交由 Morgan Lovell 设计团队设计，被改造成一个颇具凝聚力的新办公空间，十分活泼且功能齐全，以适应公司发展的需要。思特沃克可以不时围绕每个项目变化组合出不同的团队，用可移动的家具墙壁来重组个人工作区、团体工作区及作为讨论空间的中心区，而且将这些区域用紫红、亮蓝、草绿、鹅黄、纯白等颜色进行标识，使得室内色彩绚烂明亮。他们还在办公室里设置了一间游戏室和一面照片艺术墙，体现了公司所具有创造性的业务特点。隔墙采用不同颜色的玻璃装饰，在白色的地板和天花吊顶的衬托下，辅以黑色的边框，柜子和立柱采用大量的黑色饰面，桌椅和台面等分别采用不同的色彩，这些颜色产生了强烈的对比，形成了活泼绚丽的色彩效果。

图 4.34　乒乓球台兼具办公用途

图 4.35　灵活而机动的家具组合

图 4.36　吧台兼具办公用途

图 4.37 会议桌后的乒乓球台办公桌

图 4.38 纯洁的白色大办公桌

图 4.39 可以组合的办公空间

图 4.40 办公空间进出夸张而紧凑的门

4.10 生态花园式风格

生态花园式风格办公空间一般将多个不同层次的花园编织在办公空间内，使得每一个空间都拥有花园即景。这种设计类型通过置入许多水平、垂直的微型花园来实现空间区域的划分，成为各个区域的自然界线，使得各个区域既相互渗透又具有私密性，极大地丰富了员工的空间体验。它还用大量通透、半通透的隔断与花园相互交织，创造出暧昧、柔和的空间边界，如开放式茶水区与会议区被花园环绕，形成一个花园小岛，可折叠玻璃隔断为会议室提供隐私性和灵活性空间。它在设计中，更关注人与人、自然与空间的关系，而并非空间本身的实体感。这种设计力求满足人们在空间中的体验感、与自然的对话需求，而且模糊了室内外的空间界线，将室内建筑与室外景观合为一体。这种设计类型是对人性化办公模式的一种探索，是办公、自然与生活场景的一种融合。例如，由 Muxin Studio 设计的布达佩斯 EY 办公空间就是这种风格，如图 4.41 ～图 4.46 所示。

图 4.41　纯洁的办公室

图 4.42　有树池盆栽的办公空间

图 4.43　有植物小园和盆栽的办公空间

图 4.44　通过植栽进行隔断的分隔形式

图 4.45　一排椅子后面如同枯山水一样的园林

图 4.46　玻璃隔断后植物分隔的植物园景

4.11 多种混搭风格

多种混搭风格的设计类型没有那么多条条框框让人挑剔，它跳跃在所有概念之间，既吸收了各种风格，又衍生出自己的风格。在主题设计上，多种混搭风格办公空间设计不为其他风格要求所制约，设计师尽可能地根据个人意愿进行搭配，设计出自己理想的办公空间效果。它打破了其他风格的固化程度和单一性，在选材搭配上优于其他风格，在空间感上更加追求装饰与家具搭配的层次关系。层次感是多种混搭风格办公空间设计突出的特点。

如图 4.47 所示，象征性分隔式休息室的格栅是镂空的，在视觉空间上是象征性的。同类的每一个单独的工作空间用黑色瓷砖作为界线，工作区的地板由白色地砖铺装整体成型，天花吊顶采用平整的白色饰面，每一个办公桌面上悬吊着格栅灯照明，走廊区域用一排筒灯照明。工作区与休息区用折形纹进行分隔。休息区也是交流空间，圆形的桌椅比较随性浪漫，弧形的黑色地砖表达出一种自由和随意。天花吊顶采用纵条纹的线条格栅装饰，两边的立面分别是大玻璃隔断和整块的黑色大理石地板，突出粗纹理的整体铺装。从整体上看，这种设计风格大度开阔，自由随性，区域划分也比较天然，天花吊顶、地面、立面利用了多种形式和材质的变化，体现出开放、活泼、浪漫和变化的特点。

图 4.47 象征性分隔式休息室

如图 4.48 所示，如起居室一般的办公交流空间的天花吊顶采用充分平整的现代风格，地毯采用粗条纹仿大理石的纹理图案，摆设宽大起翘的巴洛克式风格的沙发组、宽大而光亮的黑色茶几。陈列柜摆有仿制的中国传统的青铜器物、花瓶、书籍，墙上悬挂中国山水画，具有明显的新中式风格。靠近右边窗户有一组桌椅，桌腿纤细，具有明显的洛可可风格，而椅子却是现代主义风格的圆椅。所有这些都容纳在一个平铺直展的现代主义风格的空间里，诠释了什么是多种混搭风格。

如图 4.49 所示的宽松灵活的绿色办公空间，铺装了精致平整的现代主义风格的地板，天花吊顶却直接暴露出模压痕迹的水泥楼板，现代主义风格的办公桌整齐平直，围绕照明的格栅灯具用绿色的藤蔓环绕，利用立柱做了生发扩展的适形处理。另外，天花吊顶上的灯具管线都是暴露的，呈现出粗野主义和高技派的艺术特色。从整体上看，这种类型设计具有新颖、离奇、搞怪的特点。

图 4.48　如起居室一般的办公交流空间

图 4.49　宽松灵活的绿色办公空间

如图 4.50 所示的工业风会议室，地板墙面都做了包装，立面墙采用筒灯照明，陈列架用管道连接支撑形成，天花吊顶利用原有建筑空间刷黑，灯具用拉杆悬挂，直接暴露管道和灯具。而桌椅在设计上又非常现代，呈现简单的平面直线形。从整体上看，这种类型的设计结合了工业风和现代主义风格。

其他几组办公空间设计，如图 4.51 所示的兼具新中式风格与现代主义风格的办公空间，天花吊顶是平直和整体的，地板也是平直和整体的，立柜是几何形的家具，几把椅子又有中式家具的影子。如图 4.52 所示的开放式办公空间，两个立面的功能性和指引性不同，与走廊和办公空间的功能分别对应；走廊的天花是密封的，用筒灯照明指引，立面悬挂了大幅的画，走廊采用木地板或复合地板铺装；天花吊顶袒露建筑结构并刷黑，让空间更舒展，地板用带有图案的

图 4.50　工业风风格会议室

图 4.51　兼具新中式风格与现代主义风格的办公空间

图 4.52　开放式办公空间

灰色地毯处理，并在立面设置窗户；走廊和办公空间用矮柜摆放绿植来做柔性分隔，在视觉上形成一个整体的开放式特点。如图 4.53 所示的高层管理人员办公空间，天花专门做了二级吊顶，有几盏筒灯，分别照射画面、陈列品来烘托氛围。一面墙都是展示的空间，整体而典雅；左侧墙面设置局部交流的空间，摆放两盏羊皮纸台灯；右边设置宽大而现代的直线形办公桌，座椅是肥大的真皮沙发，办公桌正对面摆放一把实木圈椅；右边墙设置整体落地窗，通过白色细致的纱帘，打造一种朦胧的意境；主要工作区域铺设宽大细条纹的白色羊毛地毯，在入口处则铺装光洁的淡黄色大理石，在白色和淡黄色的衬托下，整体上表达出一种和谐、恢宏的气度。

图 4.53 高层管理人员办公空间

4.12 现代主义风格

现代主义风格办公空间设计一般表现为平面的直线形或曲线形的装饰设计，所用材料有金属、木材、地砖、陶瓷、玻璃等。尤其是家具板材等，多选用批量化生产的大芯板，也使用现代的金属家具，都是利用现代加工工艺制作，如焊接、铆钉、螺栓等，在设计上满足人机使用的要求，讲究效率和品质。另外，它采用现代开放、平面化的空间设计，形成宽敞、明亮和舒适的空间效果。(图 4.54、图 4.55)

图 4.54 现代主义办公空间

图 4.55　会议室

如图 4.56 所示的大堂，在设计形式上是平面直线形的，高大整体，门框用大理石贴面，厚重粗大，为避免僵化，大门两边还摆放了青竹盆景。如图 4.57 所示的大门，立面采用灰色厚重的大理石贴面，与透空的玻璃、白色的墙等形成强烈对比，设计形式还是直线平面形的。

图 4.56　大堂

图 4.57　大门

如图 4.58 所示的办公空间入口，墙面是灰色水泥的饰面，平面整齐。如图 4.59 所示的员工办公空间，也是平面直线形的，充分结合人体工程学的原理进行设计和装修。其中的家具材料是木本原色，有利于营造室内的温馨气氛，但整体上感觉比较冰冷，缺乏装饰。

图 4.58 办公空间入口

图 4.59 员工办公空间一角

4.13 简约欧式风格

对于简约欧式风格，可以诠释为在一个简约化的工作区域，设有大型的法式窗户，有足够的阳光和新鲜的空气进入室内。这种风格在造型方面具有富于曲线趣味、非对称法则、色彩柔和绚丽、崇尚自然等特点。这种设计类型的墙面采用清水红砖墙形式，不作任何装饰；天花吊顶还保留着混凝土的模板痕迹；立柱也是，表面还有混凝土浇筑时的坑洞气眼；家具和墙面、门洞等方面的造型，运用了欧洲古典家具样式中的拱券装饰元素进行装饰和设计；在更衣室、休息室等空间，四壁直立简洁，设有直接暴露的衣架等设施，体现了一种旷达的设计思想。简约欧式风格的装饰与自然佩饰可以完美结合，使整个办公空间弥漫着淡雅的浪漫情调。(图 4.60 ～图 4.65)

图 4.60　分隔式办公空间

图 4.61　会议室 (1)

图 4.62　会议室 (2)

图 4.63 资料室

图 4.64 交流空间

图 4.65 更衣与休息室

4.14 绿色生态设计风格

绿色生态设计风格一般表现为尽量地利用自然资源，打造生态的、绿色平衡的办公空间氛围。如图 4.66 ～图 4.71 所示，在这种类型的办公空间中，在地面、墙面和天花吊顶上广泛使用白色装饰，并设置开敞而通透的落地窗，满眼望去都是一种平整的造型。每一个功能空间的天花吊顶都各不相同，会议室采用多层级的复杂吊顶，其他地方采用平整的简单吊顶，吊顶上的灯具都做了空间变化。在需要被遮挡的地方，玻璃窗户被处理为冰面裂纹的装饰形式。每一个功能空间都摆放绿植，设计立体有序的多层绿色空间，既是对空间的分隔，又是对氛围的调节。地面一般铺设具有自然色彩的木地板，会议室铺设吸尘、防滑、隔声的灰色麻布地毯。室内照度均衡，明亮而不刺眼。会议室、阅览室中的家具在洁白的天花吊顶、立面的空间衬托下，展示出自然的纹理和色彩，表现出自然的本色和温馨。

图 4.66　休息与交流空间

图 4.67　会议室（1）

图 4.68 会议室（2）

图 4.69 立体绿化

图 4.70 办公空间兼交流空间

图 4.71 办公空间一角

4.15 多元风格

如图 4.72 ～图 4.79 所示的是西班牙 Arquia Banca 品牌店经营的场所，它位于一座住宅建筑的角落，占据着一层和地下室，其几何形状和面积都极其不规则。这种风格的办公空间展示了自身的地域性文化，从中也可以看到极简主义风格、后现代主义风格，以及具有异国情调的多元风格。除了墙面、天花吊顶使用的水泥涂料，其装饰所用的材料全部来自当地。整齐排列的松木拱顶覆盖了与客户交互的区域，形成一个新的天花吊顶，这个天花吊顶平滑地融合了原有的柱状栅栏（纵条）格，旨在营造一种温馨、友好的氛围。垂直墙壁除了采用涂漆的中密度纤维板，还使用了松木。另外，客户所占区域和剩余区域的地面采用抛光地砖和水泥铺设。这种风格的办公空间体现了多种设计风格，具体如下所述。

图 4.72 明亮的办公空间

图 4.73　走廊（1）

图 4.74　走廊（2）

图 4.75　会议室（1）

图 4.76　会议室（2）

图 4.77　室内与室外的利用与衔接

图 4.78　小型会议与交流空间

图 4.79　办公空间一角

(1) 极简主义风格。简单而长直的直线形线条，让空间显得单一而清晰，家具在其中显得不拥挤，表现为一种极简主义风格。

(2) 后现代主义风格。天花吊顶呈拱形并以整齐的土黄色松木横木条排列，格栅同样采用黄色松木横木条排列，地板采用菱形的整齐而错落有致的“穗纹”形式重复排列，地面、立柱和部分家具用白色地砖和油漆喷涂饰面，表现为具有地域性特点的后现代主义风格。

(3) 地中海式风格。廊道空间非常开阔，室内的办公家具使用了大量的木本材料，黄色与天花吊顶、墙面的白色形成鲜明的对比，使得空间视觉宽敞明亮。办公空间的地面处理成深蓝色或蓝灰色彩，墙面和天花吊顶采用纯净的白色，表现为一种地中海式风格。

如图 4.80、图 4.81 所示的办公空间，天花吊顶采用深暗的色彩，采用局部灯光照明，洒落在茶几、工作台等家具的台面上；地面是深蓝兼灰色调，可让光亮集中在工作台面上；大面积的深色背景可以突出办公环境的肃静，体现出独特的艺术特色。

如图 4.82、图 4.83 所示的办公空间，充分利用建筑砖砌的清水墙面效果，利用城门拱洞作为连接的通道。天花吊顶刷白色，管道、中央空调暴露，照明灯具悬挂而专注。直长的办公桌反射着明亮的白色，座椅统一使用黑色的旋转座椅，地板、天花吊顶、立柱和照明灯具都使用白色，与周围的灰色清水墙面融洽和谐，在整体空间上营造出一种高大深远、宽敞明亮而又自然和谐的办公氛围。

图 4.80 交流空间

图 4.81 神秘的过渡空间

图 4.82 办公空间环境氛围

图 4.83　办公空间的重叠拱门

图 4.84、图 4.85 所示的办公空间，整体上采用深暗的天花、地面和墙面，用局部照明聚焦点亮，用天花吊顶上的白色勾边加强装饰，并对应着下面的工作台面和隔断玄关。同时，结合地面上的白色折线来加强装饰并进行引导，尤其是隔断玄关上用来凸显不同层次空间的墨绿色立方体，可以丰富和变化空间，表现出一种略显顽皮的后现代主义风格。在一个层高和净空都很大的空间里，充分使用钢筋和型材进行吊顶，宽敞的窗户从顶上一直倾斜到地板，空间感极强。尤其是高层管理人员办公室的背景墙，采用现代构成装饰，利用点、线、面的渐变形式构成对比，使用对角线交叉分隔，采用非常实用的装饰艺术手段，充分利用了现有的建筑空间，并通过墙面的喷涂对环境色进行协调与对比。

图 4.84　深暗的办公空间

图 4.85　明亮的办公空间

4.16　LOFT 风格

LOFT 风格办公空间原指“在屋顶之下，存放我们东西的阁楼”，后来又演变为“由旧工厂或旧仓库改造而成，少有内墙隔断高挑开敞的空间”。现代的 LOFT 一般是指“高大而开敞的空间，具有流动性、开放性、透明性和艺术性的特征”，也出现一些将工业建筑改造成文化创意空间的现象。

例如，搜索引擎公司 Yandex 新的办公空间由一座具有 140 多年历史的丝绸厂改建而成，设计师虽然采用现代工程解决方案和材料，但依然保存了该建筑的历史原貌。Yandex 公司原来的办公空间并不符合自身单元形式的要求，现在却变成一个密集型的工作场所，拥有较小的休闲单元，简单、低成本且充满乐趣。原丝绸厂的一些构件，如铸铁柱、拱顶、砖墙等，都成为 Yandex 新办公室改造的基础。Yandex 新办公室的布局极为简单，玻璃隔断墙将办公室分为独立的部门，沿着宽阔的走廊分布，中部设置了会议室和非正式交流区。

如图 4.86 所示的会议室，地毯和座椅使用草绿色，在白色桌子、吊灯与深灰色的天花吊顶之间，形成了明度和纯度的对比，非常醒目。

图 4.86　会议空间

如图 4.87 所示的交流空间，由平淡的清水砖砌墙围合而成，老式的圆形承重柱被涂上了清新的绿色，重新点亮了办公空间环境。大量不规则的黑色复合胶合板结构与小体量的彩色家具之间产生一种非正式空间元素的交流。绿色的多肉植物沿胶合板上方种植，与天花吊顶上横行的绿色结构相呼应。

图 4.87　交流空间

如图 4.88、图 4.89 所示，走廊和活动室的装饰引人注目，外墙围合立面是原厂房建筑的红砖清水墙，中间的立面墙刻意使用白色的材料。在天花吊顶上横向延伸过来的是鱼骨网状的绿色面片结构，与原始暴露的排气管道、空调管道、电线电缆管道等形成强烈的对比。这种在色彩上丰富而活跃的空间关系，可以减轻审美疲劳，使人感到空间不拥挤，而明亮的拉杆灯并不炫目，反而让人心情愉悦。

图 4.88　走廊

图4.89 活动室

如图 4.90 所示的会议室，摆放着不太宽但很长的白色会议桌，拉近了人与人之间交谈的距离。背景墙是红砖清水墙，中间有一个有拱券的门洞，做了封堵并刻意保留成壁龛状，形成一种空间层次上的变化。会议桌两边摆放着轻便的钢制网膜靠背家具，顶上悬挂白色灯具，可以形成轻松明快的视觉效果。

如图 4.91 所示的主编办公室，它是一个独立的空间，天花吊顶采用白色扣板，地面铺设灰暗的地毯，靠拱券窗的墙面依旧保留为清水红砖墙砌的结构形式，既可以作为结构，又可以作为装饰。作为隔断的墙面被修饰成光滑的白色墙面，大部分家具为白色，个别立面或内衬采用跳跃的橙色或玫瑰红，管道被涂饰成亮丽的粉绿，这种空间色彩既明亮沉静，又具有跳跃性。从整体上看，空间色彩以白色和灰色为基调，给人一种简朴、亲切和宁静的感觉。而且，柜子上的一片橙色和蛋椅里的一抹玫瑰色，点亮了醒目、活泼和愉悦的办公激情。

图4.90 会议室

图4.91 主编办公室

如图 4.92 ～图 4.96 所示，透过长长的走廊，可以发现整个办公空间都是用玻璃围合而成的，两边都可以作为瞭望的开放式办公空间。天花吊顶上暴露出原始的水泥结构，空调管线等用管道收纳、暴露并涂成灰色，部分隔墙涂成深灰色，地面铺设灰色的地毯，走廊里设有支撑

图 4.92　透明、开放的办公空间

图 4.93　小会议室

图 4.94　四面临窗的办公空间

图 4.95　独特的书架

图 4.96 独特悬挂的灯具、整齐排列的陈列柜、长直玻璃门和简洁暴露的天花吊顶

横梁的绿色立柱。在小会议室中，天花吊顶为深色，地板为灰绿，立面隔断一面为素净的白色饰面，另一面用兼作天花吊顶下的浅黄灰色贴砖墙。椅子为橙色面，采用白色勾边，造型活泼。在白色灯光的照射下，整个空间显得非常明亮。

本章训练和作业

1. 作品欣赏

通过室内设计联盟网搜索相关办公空间设计案例作品进行欣赏。

2. 课题内容

通过研习搜索的办公空间设计案例作品，完成一个完整的项目设计制图，做到制图规范、合理。

课题时间：16 课时。

教学方式：教师通过办公空间设计案例作品给学生讲授制图。

要点提示：注意办公空间各功能空间的平面图和立面图保持一一对应，在总平面图和各个立面图上做好立向标，并在制图过程中注意标注尺寸和工艺注释的规范性。

教学要求：根据制图的规范和要求，在符合办公空间的功能、人体工程学的要求的前提下完成制图。

训练目的：在充分理解办公空间设计特点、功能特点和艺术创作特点的条件下完成制图，做到制图规范、正确地表达设计意图。

3. 其他作业

进一步训练正确地表达和反映办公空间设计的能力，还需要多查阅和研习办公空间设计制图的各种资料。

4. 思考题

（1）根据前面各章的训练和作业，进一步思考如何完成办公空间各功能空间中的设计和制图。

（2）找一个自己满意的可以加以创新改造的办公空间设计样板或优秀的办公空间设计案例作品，深入研习之后，进行整体或局部的改造设计。

第5章 办公空间设计实例

【训练内容和注意事项】

训练内容：了解室内设计制图，如平面图、立面图、天花吊顶图等具体的画法，以及如何通过工程制图来展示办公空间设计的过程和方法。

注意事项：了解办公空间各功能空间设计的不同，体会其在功能和艺术上的特点。

【训练要求和目标】

训练要求：通过研习办公空间设计项目图纸，熟悉办公空间平面图、立面图、天花吊顶图等的表达，以及各功能空间线型的区别，进而把握办公空间各功能空间的创意特点。

训练目标：通过研习办公空间效果图体验其装饰的格调，并对照制图来体验其所表现出的魅力和设计意图。

本章引言

本章列举广东建安监理有限公司办公空间设计实例，展示该公司办公空间设计的部分效果图及其制图样例，仅供参考。我们应通过读图，认知办公空间设计的大体过程，了解办公空间的基本框架、平面规划、家具陈设的特点，以及各功能空间安排。

（1）广东建安监理有限公司办公空间设计几个功能空间的效果图（图 5.1 ～图 5.3）

图 5.1　公司前台效果图

图 5.2　公司走廊效果图

图 5.3　公司会议空间效果图

【某电子科技公司办公空间设计实例】

(2) 广东建安监理有限公司办公楼建筑基址原始平面图(图 5.4 ～图 5.7)。

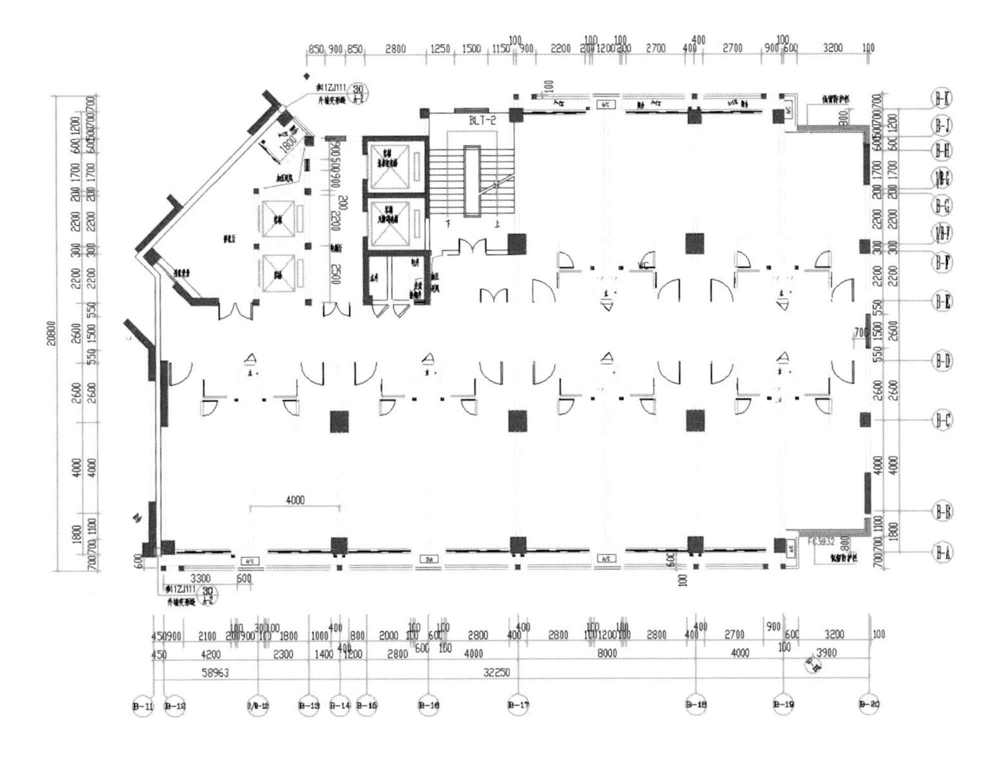

图 5.4　办公楼五至十三层建筑基址原始平面图

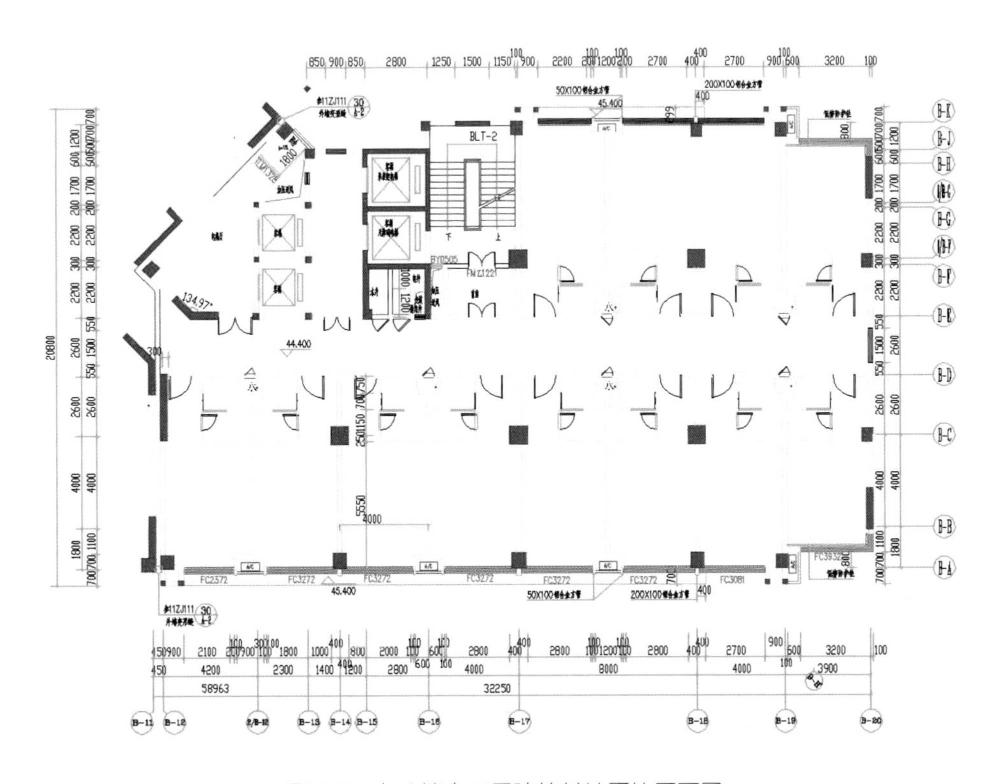

图 5.5　办公楼十三层建筑基址原始平面图

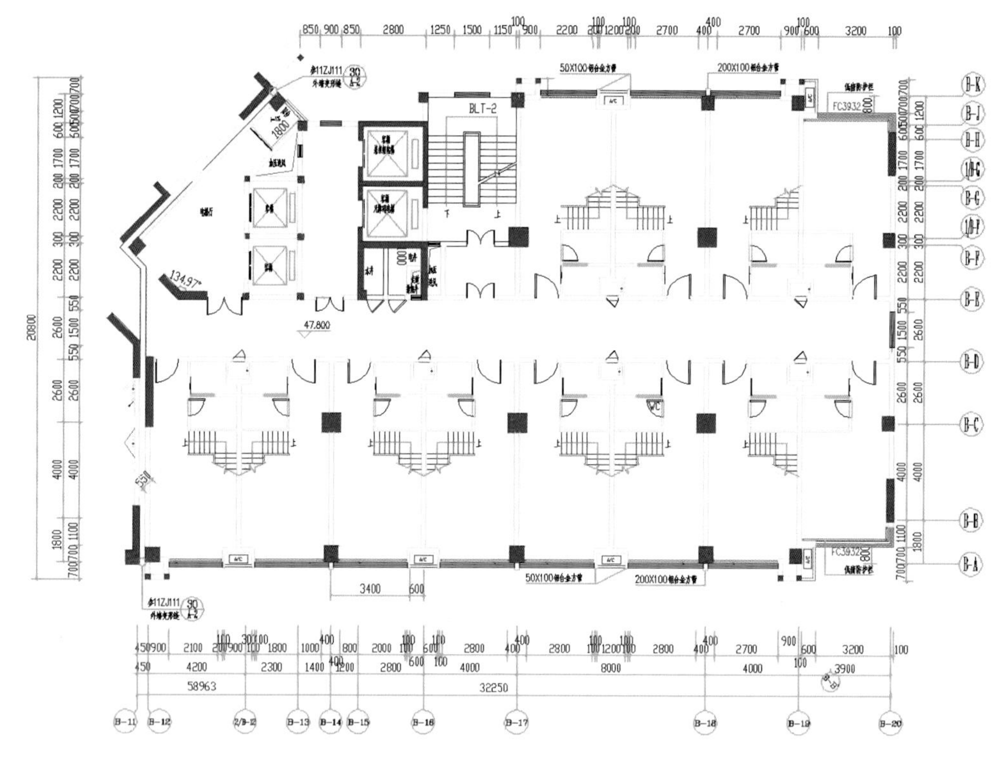

图 5.6　办公楼十四层建筑基址原始平面图

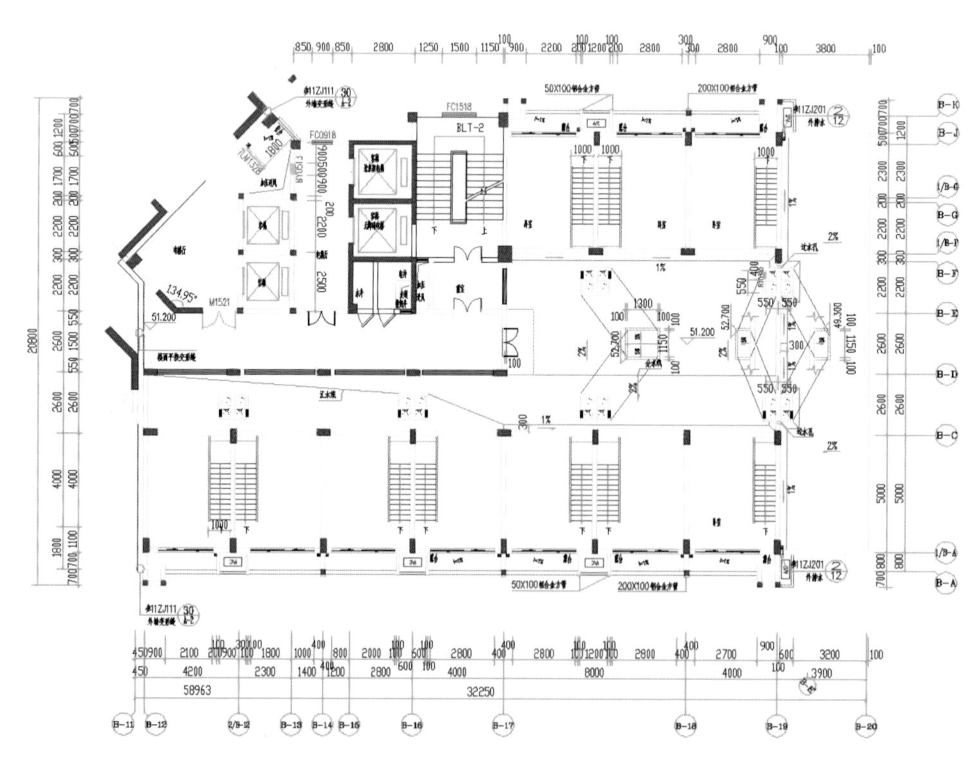

图 5.7　办公楼十五层建筑基址原始平面图

（3）工程公司办公空间设计方案平面图（图 5.8 ～图 5.11）。

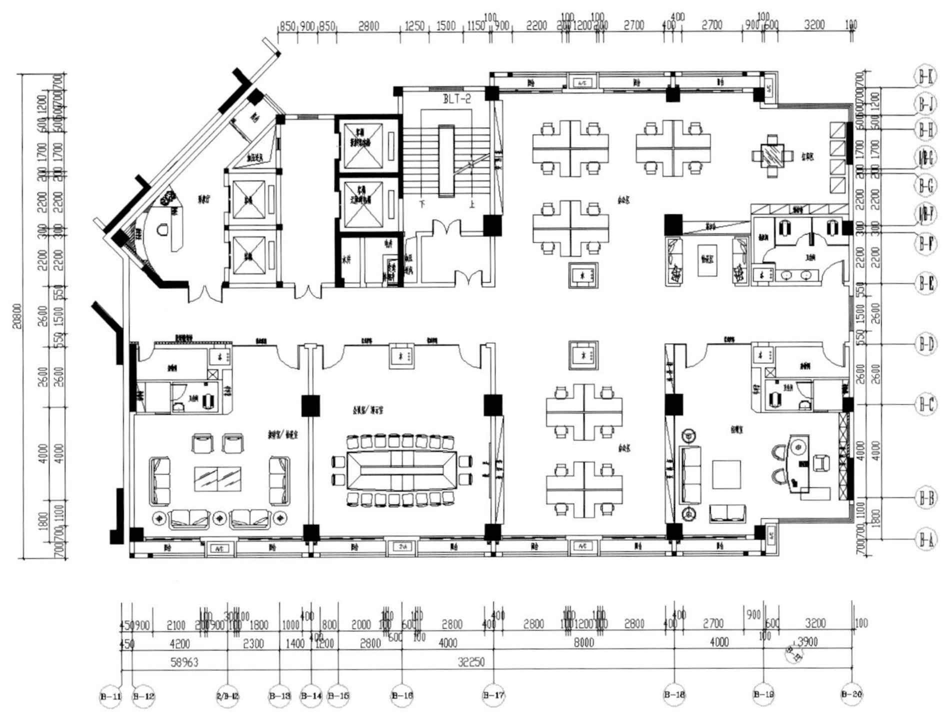

图 5.8　办公楼十一层工程公司平面图（1）

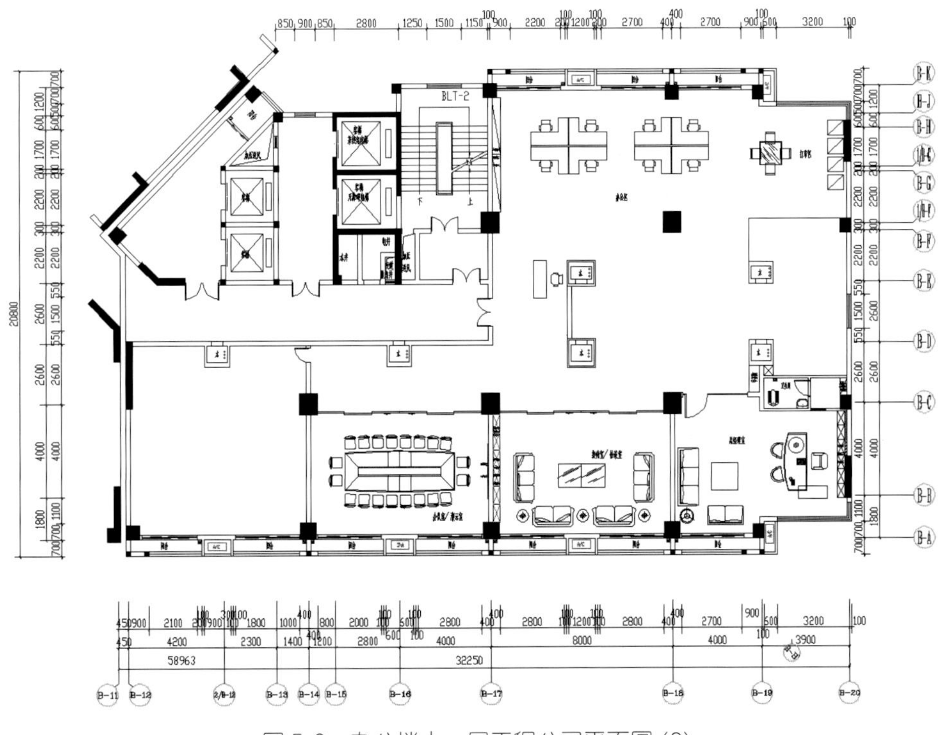

图 5.9　办公楼十一层工程公司平面图（2）

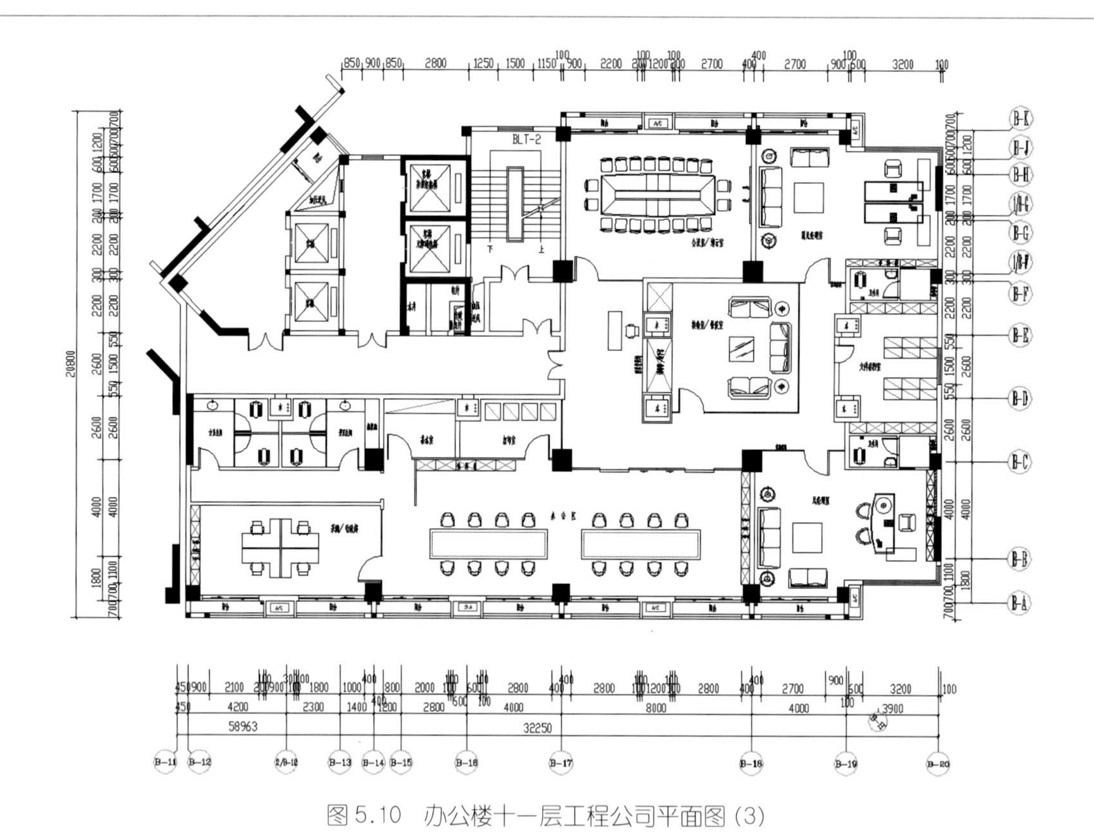

图 5.10　办公楼十一层工程公司平面图 (3)

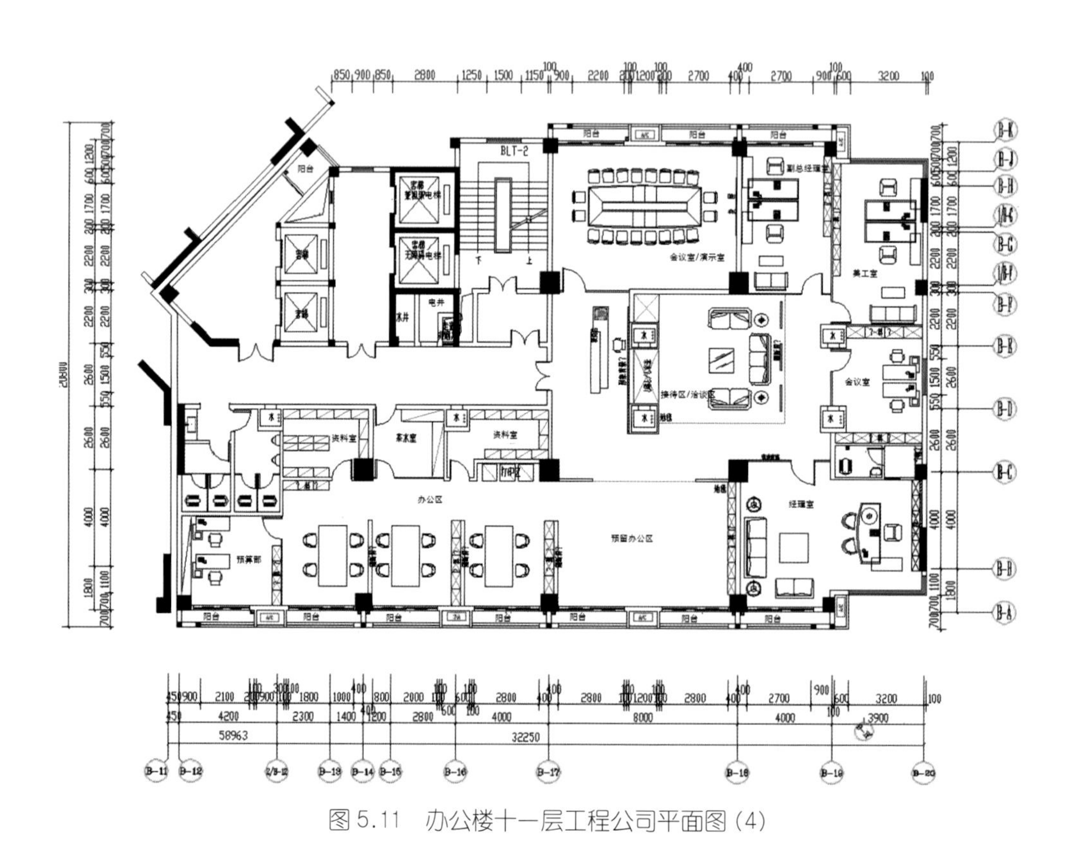

图 5.11　办公楼十一层工程公司平面图 (4)

（4）监理公司办公空间设计方案平面图（图 5.12 ～图 5.15）。

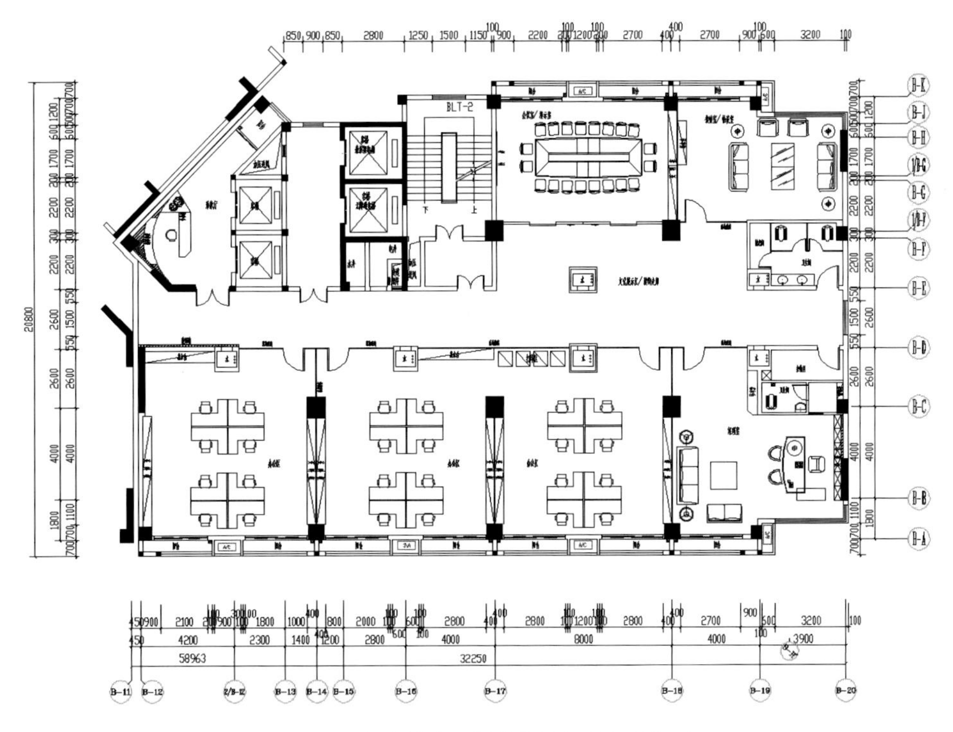

图 5.12　办公楼十二层监理公司平面图（1）

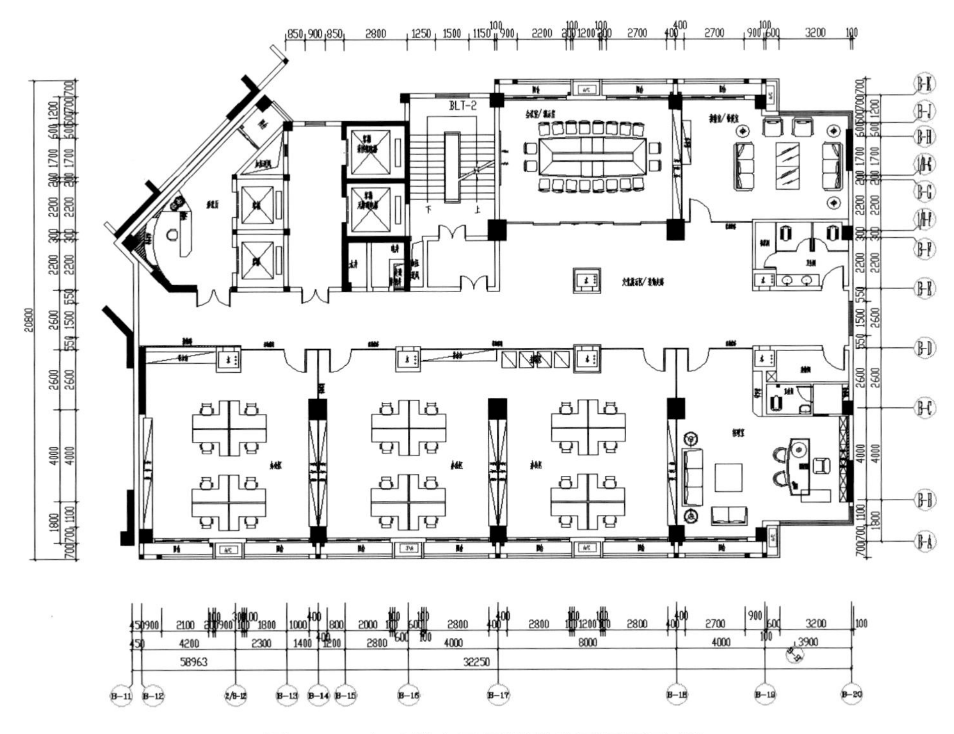

图 5.13　办公楼十二层监理公司平面图（2）

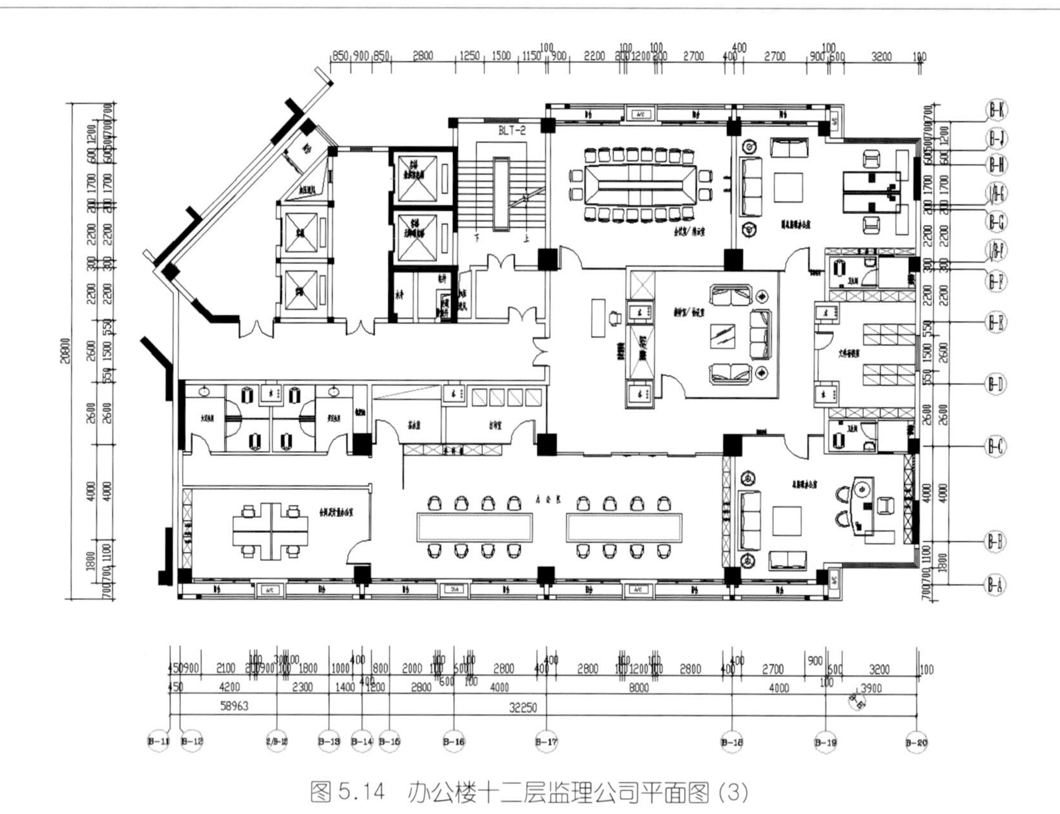

图 5.14　办公楼十二层监理公司平面图 (3)

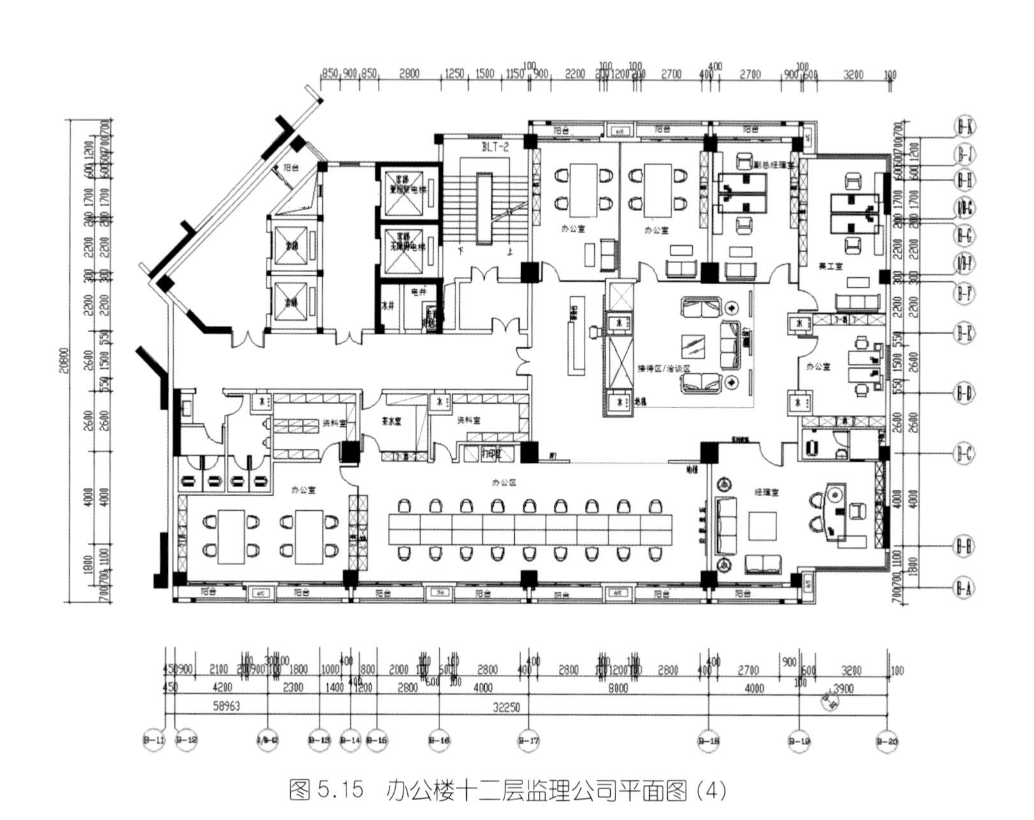

图 5.15　办公楼十二层监理公司平面图 (4)

(5) 置业公司办公空间设计方案平面图（图 5.16 ～图 5.19）。

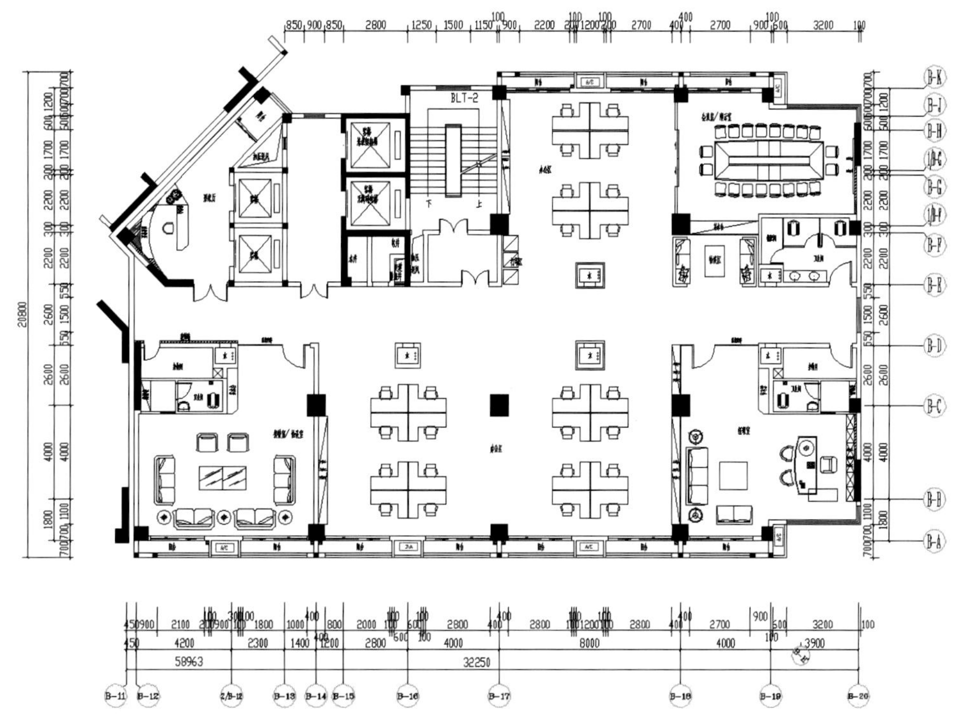

图 5.16　办公楼十三层置业公司平面图（1）

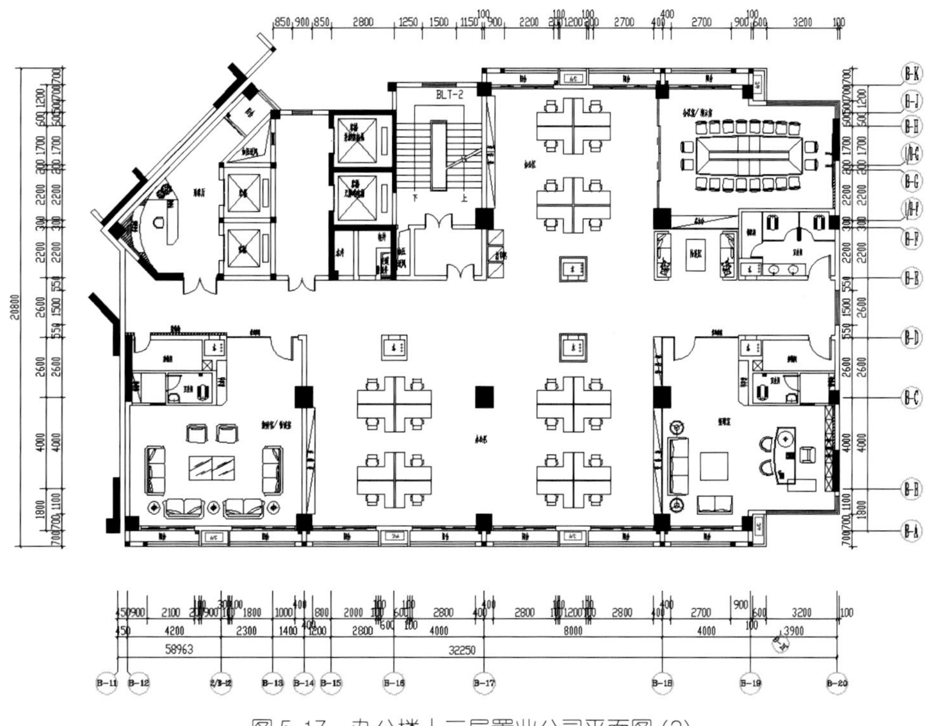

图 5.17　办公楼十三层置业公司平面图（2）

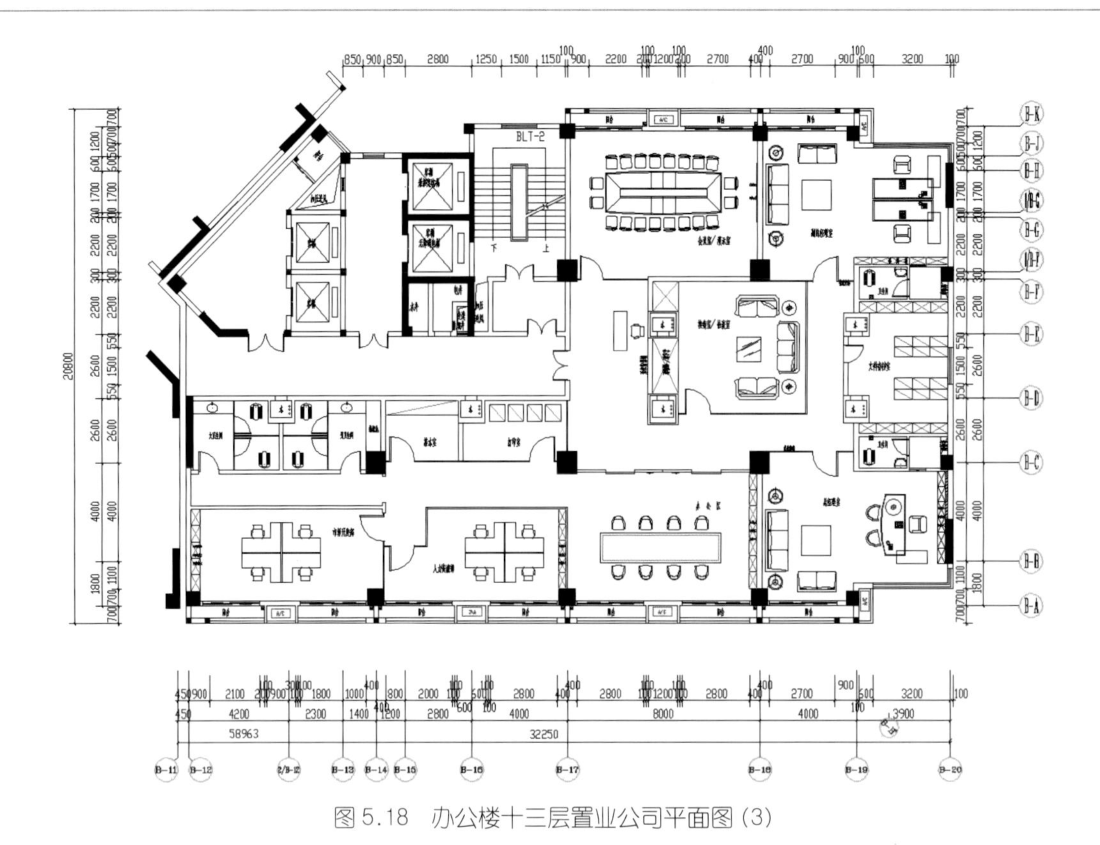

图 5.18　办公楼十三层置业公司平面图 (3)

图 5.19　办公楼十三层置业公司平面图 (4)

（6）办公空间设计的走廊立面图（图 5.20 ～图 5.23）。

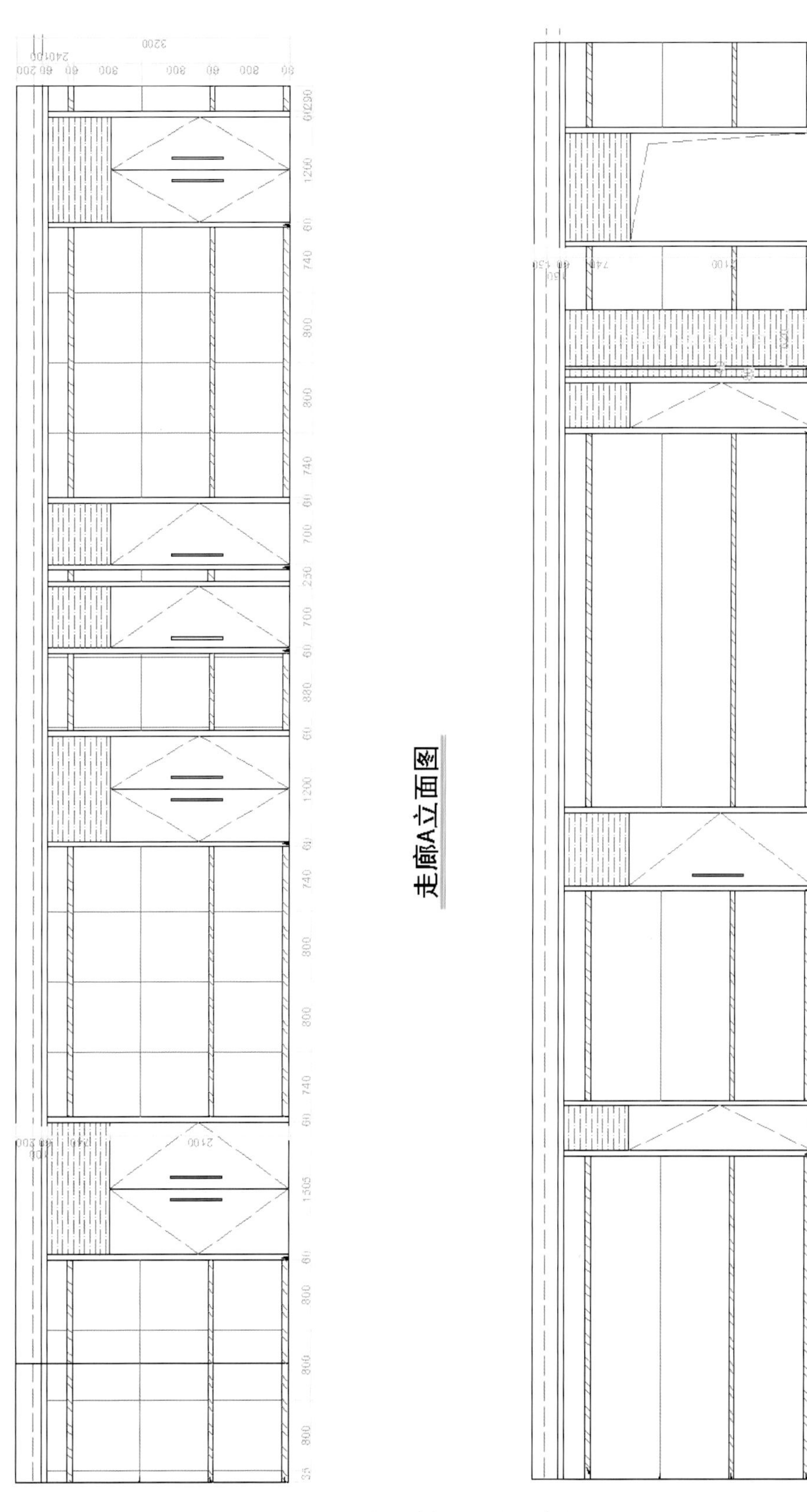

图 5.20　办公空间设计的走廊立面图（1–2）

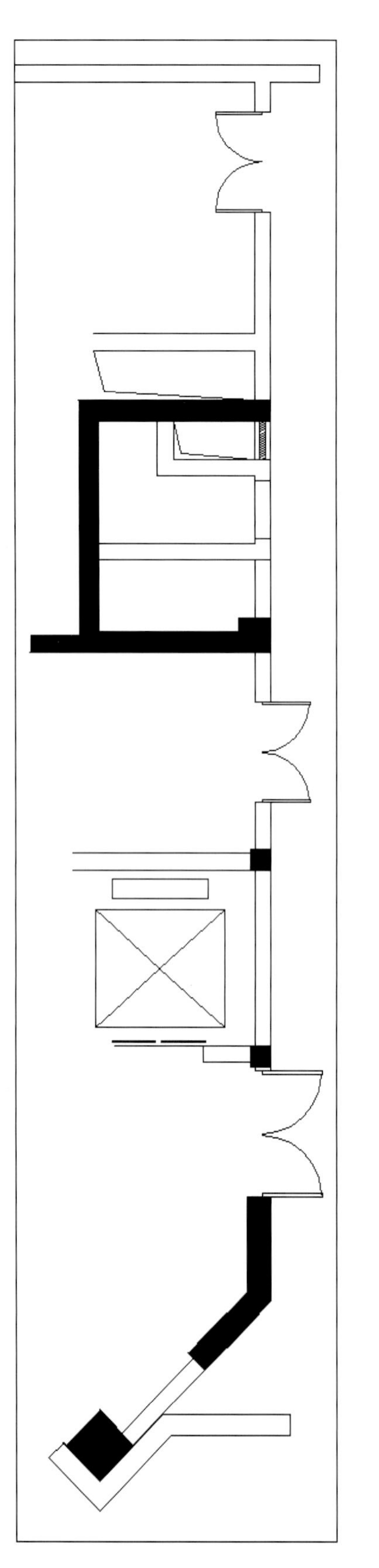

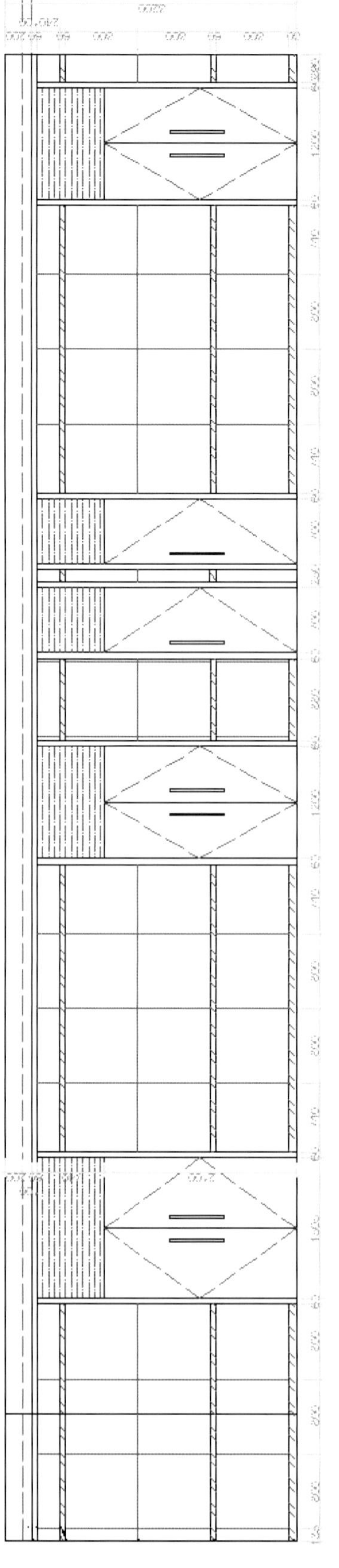

图 5.21　办公空间设计的走廊 A 立面图及对应的平面图（3–4）

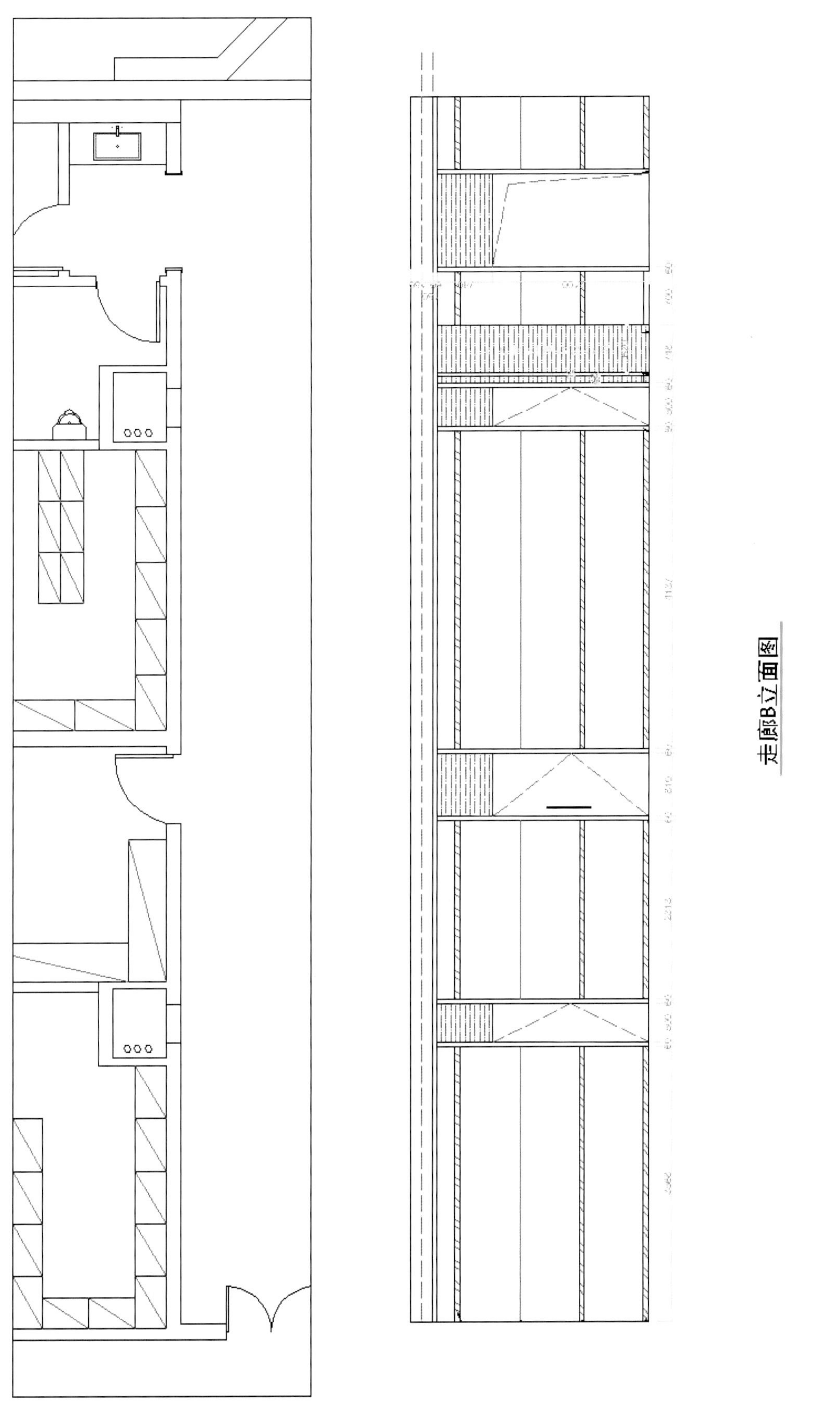

图 5.22 办公空间设计的走廊 B 立面图及对应的平面图 (5–6)

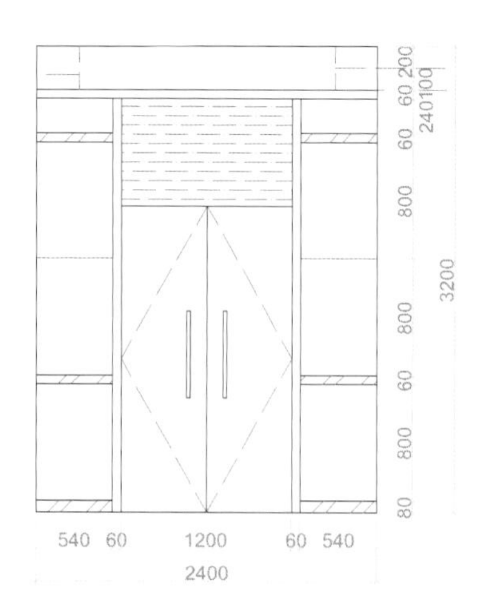

走廊C立面图

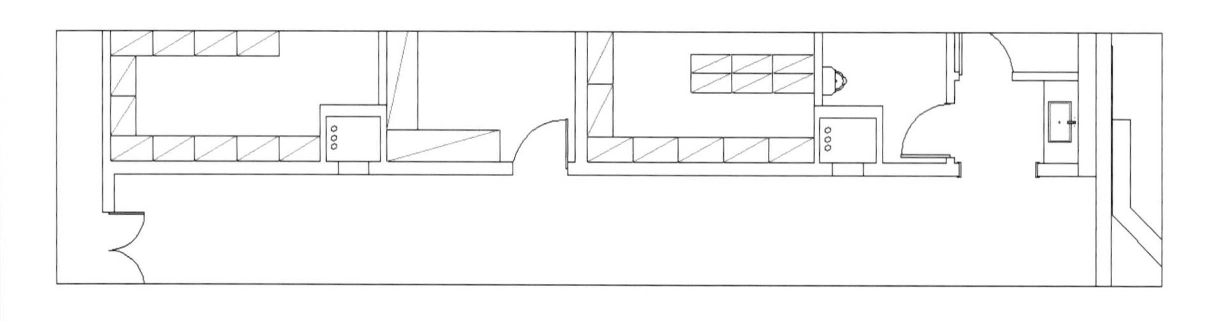

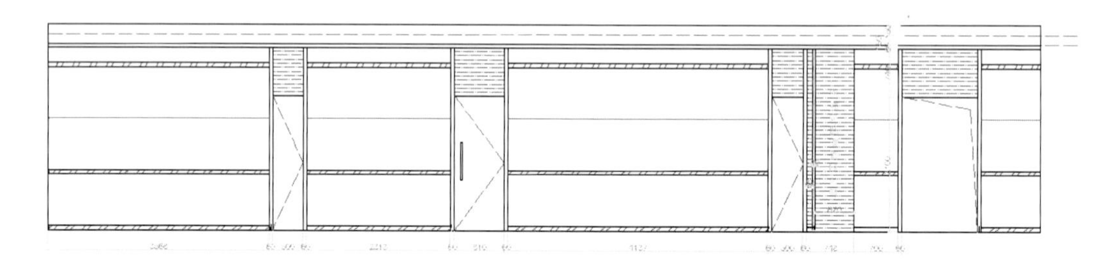

走廊B立面图

图 5.23　办公空间设计的走廊 C、B 立面图及对应的平面图（7–8）

（7）办公空间设计的前台及接待区的平面图和立面图（图 5.24 ～图 5.27）。

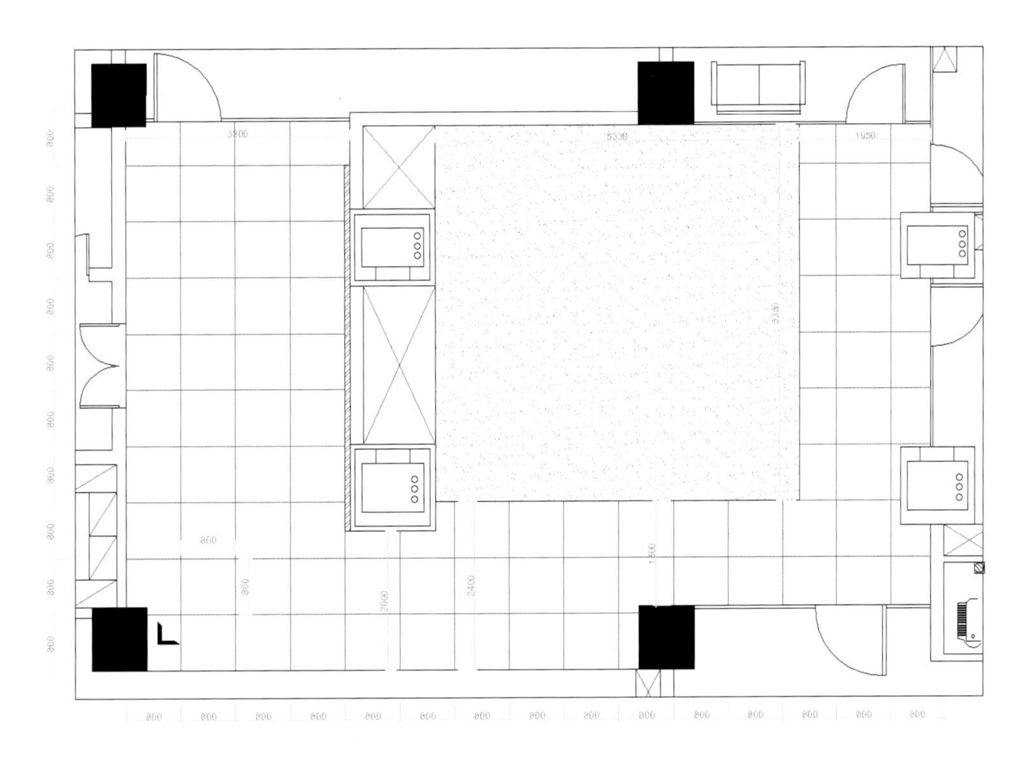

图 5.24　办公空间设计的前台及接待区地面图

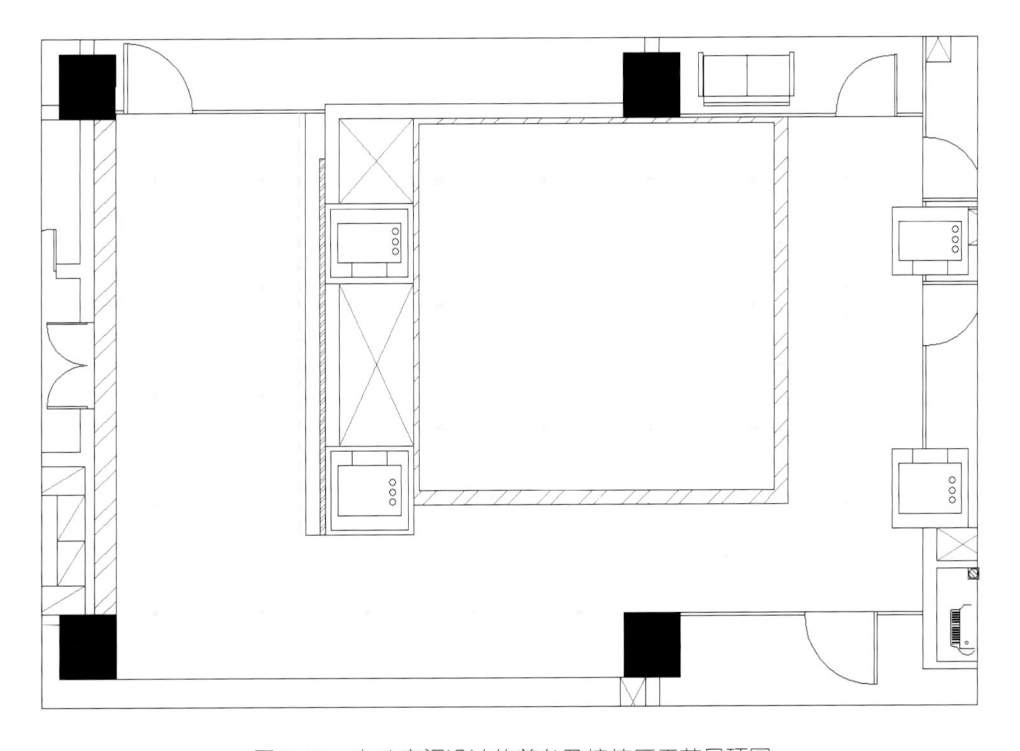

图 5.25　办公空间设计的前台及接待区天花吊顶图

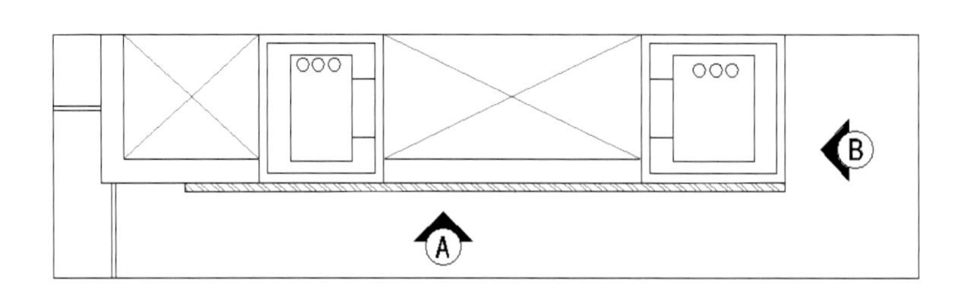

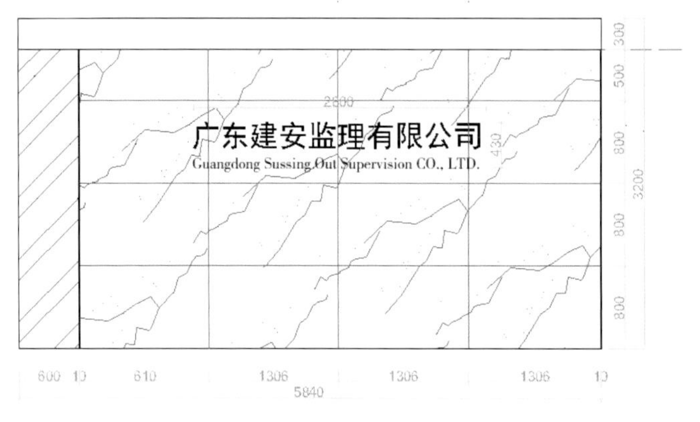

前台及接待区A立面图

前台及接待区B立面图

图 5.26　办公空间设计的前台及接待区 A、B 立面图及对应的平面图

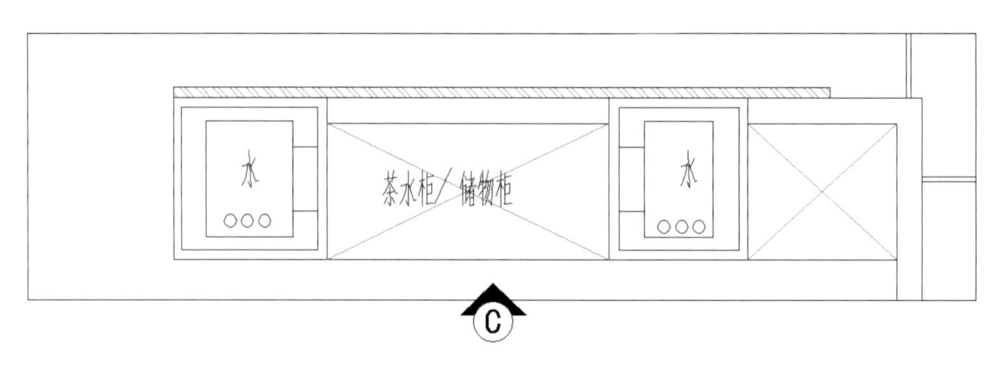

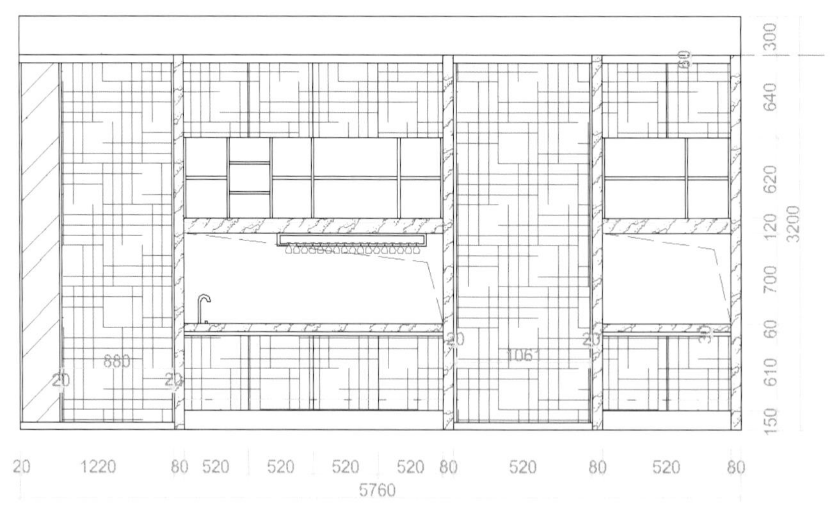

前台及接待区C立面图

图 5.27　办公空间设计的前台及接待区 C 立面图及对应的平面图

本章训练和作业

1. 作品欣赏

通过室内设计联盟网等搜索并欣赏相关办公空间设计样板作品。

2. 课题内容

通过学习办公空间设计的资料、制图集等，完成一个完整的项目设计制图，做到制图规范、合理。

课题时间：16 课时。

教学方式：教师通过办公空间设计样板给学生讲授制图。

要点提示：注意办公空间各功能空间的平面图和立面图保持一一对应，在总平面图和各立面图上标示立向标，并在制图过程中注意标注尺寸和工艺注释的规范性。

教学要求：根据制图的规范和要求，在符合办公空间的功能、人体工程学的要求的前提下完成制图。

训练目的：在充分理解办公空间的设计特点、功能特点和艺术创作特点的前提下完成制图，做到制图规范、正确地表达设计意图。

3. 其他作业

制图的问题是一个规范的问题，不仅需要训练正确地表达办公空间设计的能力，而且需要通过学习办公空间制图资料掌握办公空间设计的要点。

4. 思考题

（1）根据前面所学，思考如何完成办公空间各功能空间的设计和制图。

（2）根据网上找到的办公空间设计样板作品或优秀设计案例，进行学习或改造，做整体或局部的思考和制图设计。

参考文献

埃德加·沙因．企业文化生存与变革指南：变革时代的企业文化之道 [M]. 马红宇，唐汉瑛，等译．杭州：浙江人民出版社，2017.

崔冬晖．室内设计概论 [M]. 北京：北京大学出版社，2007.

《顶级办公空间设计》编委会．顶级办公空间设计 [M]. 北京：中国林业出版社，2014.

冯芬君．办公空间设计 [M]. 北京：人民邮电出版社，2015.

何晓佑，谢云峰．人性化设计 [M]. 南京：江苏美术出版社，2001.

胡向磊．建筑构造图解 [M]. 北京：中国建筑工业出版社，2019.

华中科技大学，胡正凡，林玉莲．环境心理学：环境——行为研究及其设计应用 [M].4 版．北京：中国建筑工业出版社，2018.

黄艳．陈设艺术设计 [M]. 合肥：安徽美术出版社，2006.

黎志伟，林学明．办公空间设计分析与应用 [M]. 3 版．北京：中国水利水电出版社，2014.

黎志伟．办公空间形态的演变 [J]. 装饰，2021（7）：37-42.

李道增．环境行为学概论 [M]. 北京：清华大学出版社，1999.

刘超英．建筑装饰装修材料·构造·施工 [M]. 北京：中国建筑工业出版社，2015.

同济大学，刘盛璜．人体工程学与室内设计 [M]. 2 版．北京：中国建筑工业出版社，2004.

武强．房屋建筑构造 [M]. 北京：北京理工大学出版社，2016.

徐珀壎．共享办公空间设计 [M]. 贺艳飞，译．桂林：广西师范大学出版社，2018.

许劭艺．新概念 CIS 企业形象设计 [M]. 长沙：中南大学出版社，2011.

张景秋．办公楼与城市发展及人文环境的关系 [J]. 装饰，2012（11）：22-25.

张克非，俞虹．现代家具设计 [M]. 沈阳：辽宁美术出版社，2007.

张黎．现代办公空间的设计百年：效率、等级与身份 [J]. 装饰，2012（1）：14-18.

张宗森．建筑装饰构造 [M]. 北京：中国建筑工业出版社，2006.

甄龙霞，唐玲，陈利伟．室内装饰材料与施工工艺 [M]. 上海：上海交通大学出版社，2012.

中华人民共和国住房和城乡建设部．办公建筑设计标准（JGJ/T 67—2019）[S]. 北京：中国建筑工业出版社，2020.

中华人民共和国住房和城乡建设部．房屋建筑制图统一标准（GB 50001—2010）[S]. 北京：人民出版社，2011.

中华人民共和国住房和城乡建设部．绿色办公建筑评价标准（GB/T 50908—2013）[S]. 北京：中国建筑工业出版社，2014.

周宇，刘珊．办公建筑室内设计 [M]. 北京：中国建筑工业出版社，2011.

DAM 工作室．创意办公空间 [M]. 武汉：华中科技大学出版社，2013.

WEMADE. 最新办公空间设计 [M]. 丁继军，魏小娟，范明懿，译．北京：中国水利水电出版社，2012.